Helga Hofmann
Fotos: Frank Hecker

ulmer

Richtig gute INSEKTEN HOTELS

Nisthilfen für Wildbienen nach dem Baukastenprinzip

INHALT

NISTHILFEN-ELEMENTE FÜR WILDBIENEN 18

NISTHILFEN NACH DEM BAUKASTENPRINZIP 82

DER WILDBIENEN-FREUNDLICHE GARTEN 110

SERVICE 120

VORWORT

Keine Frage, Wildbienen sind derzeit ausgesprochen „in". Ebenso steht außer Frage, dass sie ungemein faszinierende Tiere sind. Je mehr man sich mit ihnen, ihrer vielfältigen Lebensweise und ihrem facettenreichen Verhalten beschäftigt, umso mehr wachsen sie einem ans Herz. Ich spreche aus eigener Erfahrung.

Durch ihre emsigen Blütenbesuche machen sich die Wildbienen für das Ökosystem, in dem sie leben, und letztlich auch für uns Menschen unentbehrlich. Zwar liefern sie uns keinen Honig wie die Honigbienen, doch was ihre „Arbeit" als Bestäuber von Pflanzen angeht, hat man ihre Leistung lange unterschätzt. Heute weiß man, dass etwa die Hälfte der durch Bienen erbrachten Bestäubungsleistung nicht auf Honigbienen, sondern auf Wildbienen zurückgeht, regional kann es sogar ein deutlich größerer Anteil sein. Ein mehr als guter Grund, für den Schutz und das Wohlergehen der wilden Bienen zu sorgen. Schließlich wollen wir alle auch morgen noch Obst und Gemüse ernten, ohne in Ermangelung von Bienen die Blüten von Apfel- und Kirschbaum eigenhändig mit kleinen Pinselchen bestäuben zu müssen.

Seit die Bedeutung der Wildbienen immer mehr Menschen bewusst geworden ist, haben Nisthilfen für die sympathischen Summer einen regelrechten Boom erfahren. (Im Jargon des Handels hat sich dafür die Bezeichnung „Insektenhotel" eingebürgert, ein im Grunde falscher Begriff, weil es sich ja keineswegs um eine Übernachtungsherberge handelt, sondern um eine Kinderstube für die Bienen.)

Um es gleich ganz direkt zu sagen: Nisthilfen sind *nicht* das ultimative Mittel zur Rettung unserer Wildbienenbestände. Aber: Durch Nisthilfen können etliche ihrer Arten gezielt unterstützt und gefördert werden. Im Großen und Ganzen sind es rund 30 bis 40 Arten der über 550 in Deutschland vorkommenden Spezies, die das Angebot von Insektenhotels in unseren Gärten annehmen. Immerhin! Weil die Tierchen aber sehr konkrete Bedürfnisse haben, was ihren Nistplatz betrifft, können Sie umso mehr Bienenarten unterstützen, je mehr verschiedene Nisthilfen Sie ihnen anbieten. Daher beschränkt sich dieses Buch nicht nur auf die herkömmlichen Nisthilfen aus Bambusröhrchen oder Schilfhalmen, sondern zeigt überdies eine ganze Reihe weiterer Möglichkeiten, den Bienen geeignete Quartiere für den Nachwuchs zur Verfügung zu stellen. Auch die im Boden nistenden Wildbienen – und das sind immerhin knapp drei Viertel aller unserer heimischen Arten – wurden nicht vergessen.

Ich wünsche Ihnen nicht nur viel Spaß beim Basteln und Bauen der verschiedenen Nisthilfen, sondern vor allem zahlreiche schöne Beobachtungen von Wildbienen an Ihren fertigen Werkstücken und viele faszinierende Einblicke in das Leben dieser liebenswerten Tierchen!

Helga Hofmann

Frühlings-Pelzbiene

VOM LEBEN DER WILDEN BIENEN

Wie hat neulich ein Schuljunge auf meine Frage, ob er wisse, was Wildbienen seien, so treffend geantwortet? „Wildbienen, das sind auch Bienen – nur anders." Recht viel besser kann man es eigentlich nicht formulieren. Aber ein wenig präziser geht es doch ...

Die meisten Menschen verstehen unter „Biene" schlicht und einfach die Honigbiene. Dabei ist die *Apis mellifera*, wie die domestizierte und von Imkern vielfach in Kästen gehaltene Honigbiene von den Biologen genannt wird, nur *eine* Bienenart, während allein in Deutschland gut 550 Wildbienenarten herumfliegen.

Manche sehen beim flüchtigen Hinsehen wie Honigbienen aus, andere ähneln eher schwarzgelben Wespen. Es gibt unter den Wildbienen ameisenkleine und hummelgroße, unbehaarte und dick bepelzte, schwarze und rote, gestreifte und gefleckte. Bei einigen Arten haben sogar Männchen und Weibchen ein unterschiedliches Äußeres. Übrigens: Biologisch gesehen gehören auch die Hummeln zu den Wildbienen.

Gemeinsam ist den „wilden Bienen", dass sie keine so großen Völker bilden wie die Honigbiene. Lediglich die Hummeln sowie einige Arten der Schmalbienen leben für eine Saison in kleinen, arbeitsteiligen Staatengemeinschaften zusammen. In der Mehrzahl führen unsere Wildbienen aber ein Einzelgängerdasein, man spricht daher auch von Solitärbienen.

Kinder der Sonne

Könnte man Wildbienen nach ihren Wetterwünschen befragen, käme die Antwort sicher wie aus der Pistole geschossen: sonnig und warm. Konsequenterweise trifft man sie besonders häufig an trockenwarmen Stellen an, zum Beispiel an sonnigen Wegrändern, Brachflächen, Bahndämmen, Industriebrachen, Lehm- und Sandgruben, aber auch in Trockenrasen oder an südwärts orientierten Wald- und Gebüschrändern. Wie stark der Zusammenhang von warmer Witterung und Wildbienenvorkommen ist, zeigt das Beispiel der Gelbbindigen Furchenbiene (*Halictus scabiosae*). Noch bis 1990 kam sie in Deutschland nur in den südlichen Bundesländern vor, und auch dort nur in den wärmeren Regionen, etwa im Oberrheingraben oder im Maintal. Seither aber breitet sie sich kontinuierlich nordwärts aus und hat inzwischen bereits das Norddeutsche Tiefland und die östlichen Mittelgebirge erreicht. Wissenschaftler haben erkannt, dass ihre Ausbreitung korreliert ist mit dem Anstieg der Jahresmitteltemperatur, und sehen in ihr eine eindeutige Klimawandel-Gewinnerin, die von der derzeitigen Erwärmung profitiert.

Blumenliebende Vegetarier

Die Nahrung der Wildbienen besteht ausschließlich aus Pollen und Nektar. Folglich sieht man sie sehr oft auf Blüten, wenn sie in deren Tiefe begie-

Die Gelbbindige Furchenbiene bevorzugt Korbblütler als Pollenquelle. Hier sammelt sie das „Blumengold“ auf dem Blütenkopf einer Gänsedistel.

rig den süßen Nektar einsaugen oder mit wuseligen Bewegungen die Pollenkörnchen einsammeln. Fliegen ist eine sehr anstrengende Art der Fortbewegung, daher müssen die voll entwickelten Bienen (die man auch Imagines nennt) eigentlich ständig Kraft tanken. Überwiegend tun sie sich dazu an Nektar gütlich, doch zwischendurch verköstigen sie sich auch schon mal mit Pollen.

Mit dem Futter für die Larven verhält es sich umgekehrt: Deren Proviant in der Brutzelle besteht überwiegend aus dem eiweiß- und fettreichen Pollen, der mit ein wenig flüssigem Nektar zu einem Futterbrei vermengt wird.

One-Woman-Business

Anders als bei den Honigbienen mit ihrer arbeitsteiligen Gesellschaft ist bei den Wildbienen das Weibchen ganz allein damit beschäftigt, seine Nester zu bauen und die Brut mit Nahrungsvorräten zu versorgen. Und anders als bei den Wespen besteht diese Larvennahrung nicht aus tierischer Beute, sondern aus energiereichen Pflanzenstoffen, nämlich Pollen und Nektar. (Eine Ausnahme machen in dieser Hinsicht lediglich die sogenannten Kuckucksbienen, deren Larven zunächst einmal die Larve im Wirtsnest verzehren und danach den Proviant, der dieser zugedacht gewesen war. Mehr dazu siehe Seite 108.)

Die männlichen Wildbienen betätigen sich lediglich als Erzeuger der Kinderschar. Sie sammeln keinen Pollen für den Larvenproviant, haben auch gar keine speziellen Strukturen am Körper, mit denen sie den gesammelten Pollen transportieren könnten. Die Weibchen dagegen sind ausgestattet mit Haarlocken, Bauch- oder Beinbürsten oder sogenannten „Körbchen“ aus einem Borstenkranz zum Sammeln und zum Tragen des Pollens zum Nest.

In dieser Niströhre der Rostroten Mauerbiene kann man gut die hintereinanderliegenden Nistkammern erkennen, die mit reichlich Pollen gefüllt und jeweils mit einem einzelnen Ei bestückt wurden.

Bei den meisten Arten schlüpfen die jungen Männchen im Frühjahr schon einige Tage bis Wochen vor den Weibchen und warten dann bei den Nistplätzen, bis auch die Weibchen erscheinen.

NESTBAU

Kaum sind die Weibchen geschlüpft, findet die Paarung statt. Danach machen sich die Bienendamen umgehend an die Arbeit, um für ihren Nachwuchs zu sorgen. Das bedeutet, sie müssen zuallererst einen geeigneten Platz für ihr Nest finden. In dieser Hinsicht sind Wildbienen eigen: Jede Art hat ihre speziellen Vorstellungen, wie so eine Kinderstube für ihren Nachwuchs auszusehen hat: Die einen suchen nach einem länglichen Hohlraum, in dem sie ihre Brutzellen anlegen können. (Diese Arten nehmen gerne „klassische" Insektenhotels mit Bambusröhrchen, Schilf- oder Strohhalmen an, ebenso wie Bohrlöcher in Hartholz oder sogenannte Nistziegel mit Lochstruktur.) Die anderen nagen sich ihre Niströhren selbst in morsches Holz oder in Pflanzenstängel, die mit weichem Mark gefüllt sind. Wieder andere graben ihre Niströhren in den Boden, sofern dieser aus Sand, Lehm oder Löss besteht. Bei einer geeigneten Geländestruktur können sich dabei ganze Kolonien nistender Wildbienen auf engem Raum entwickeln – was jedoch nichts mit einer sozialen Lebensweise zu tun hat, da trotzdem jedes Bienenweibchen als Einzelkämpferin am Werk ist.

INNENARCHITEKTUR EINES BIENENNESTS

Sehen wir uns so ein Wildbienennest einmal am Beispiel der häufig an Nisthilfen auftretenden Rostroten Mauerbiene (*Osmia bicornis*), oft auch Rote Mauerbiene genannt, etwas genauer an. In leicht abgewandelter Form gilt dessen Bauplan auch für die Nester vieler anderer Wildbienenarten.

Sobald das Weibchen einen passenden Hohlraum für sein Nest gefunden hat – vorzugsweise ein lang gestreckter Hohlraum mit 5–7 mm Durchmesser – beginnt es in dessen tiefem Inneren mit dem Bau einer ersten Brutzelle, indem es mit herbeigetragenem feuchtem Lehm eine Art Türschwelle mörtelt. Dann heißt es Larvenfutter herbeischaffen. Unsere Beispielart, die Rostrote Mauerbiene, gehört dabei zu den wenig anspruchsvollen Arten. Sie sammelt Pollen bei sehr vielen verschiedenen Pflanzenarten, nutzt einfach das Spektrum, das im Umfeld ihres Nestes gerade blüht. Viele andere Wildbienenweibchen sind deutlich wählerischer und sammeln Pollen ausschließlich von Blüten einer bestimmten Pflanzenfamilie oder gar nur von einer speziellen Pflanzenart (mehr dazu im Abschnitt „Der wildbienenfreundliche Garten" ab Seite 110). Der gesammelte Pollen wird mit ein wenig Nektar vermengt, sodass eine Art Pollenkuchen entsteht. Auf diesen legt das Weibchen schließlich ein Ei und mörtelt die Brutzelle mit Lehm zu. Diese Lehmwand stellt zugleich den Boden der nächsten Brutzelle dar, die wiederum mit Pollenvorrat und einem Ei bestückt wird. Und so weiter. Ist die ganze Niströhre mit Brutzellen angefüllt, wird sie nach außen hin mit einem stabilen Deckel, wiederum aus Lehm, verschlossen – und schon macht sich das Weibchen auf die Suche nach dem nächsten geeigneten Hohlraum.

So geht das 4–6 Wochen lang, in denen Brutzelle für Brutzelle entsteht, pro Brutröhre jeweils bis zu zwölf hintereinander. Nach dieser Zeit ist das Bienenweibchen am Ende seiner Kräfte und am Ende seines Lebens angelangt, sodass es seinen Nachwuchs gar nicht mehr kennenlernen wird.

BIENENKINDER WACHSEN HERAN

In den Brutzellen aber schlüpfen die Bienenlarven aus den Eiern und machen sich sogleich über den Pollenkuchen her. Dank dessen reicher Nährstoffe wachsen sie in kürzester Zeit heran, bis sie sich, wenn der Proviant nach etwa 3–4 Wochen aufgezehrt ist, schließlich verpuppen. Je nach Bienenart schlüpfen die voll entwickelten Bienen noch im Sommer aus den Puppenkokons, verharren jedoch über den Herbst und Winter noch in der Niströhre, um dann erst im nächsten Frühling deren Deckel aufzubrechen und auszufliegen. Bei der Mehrzahl der Arten aber überwintern die Jungbienen im Larven- oder Puppenstadium und vollenden erst im Frühjahr ihre Entwicklung zur Imago.

GEBURTENREGELUNG AUF WILDBIENISCH

Wildbienenweibchen speichern das Sperma nach der Paarung in einer Art Vorratstasche in ihrem Hinterleib. Soll aus einem abgelegten Ei eine Tochter schlüpfen, gibt das Weibchen eine Portion Sperma zum Ei hinzu, um es zu befruchten, soll sich dagegen ein Sohn entwickeln, lässt es das Ei unbefruchtet.

Die im Boden nistenden Wildbienenarten lassen sich nicht so leicht in ihre Kinderstuben hineinschauen. Hier eine Frühlings-Seidenbiene beim Graben ihrer Niströhre.

GRUNDSÄTZLICHES ZU NISTHILFEN

Wie schon im Vorwort erwähnt, nimmt nicht einmal ein Zehntel aller unserer Wildbienenarten angebotene Nisthilfen an. Und das sind durchweg häufige, keineswegs in ihrer Existenz bedrohte Arten. Bevor Sie nun aber fragen, wozu dann überhaupt der ganze Aufwand mit den Nisthilfen, sei ein ganz klares Argument *für* Insektenhotels und Co. genannt: Sie bieten ideale Möglichkeiten, die aufwendige Brutfürsorge dieser Insektengruppe aus nächster Nähe zu beobachten. Das hilft den Wildbienen vor allem indirekt, denn schließlich gilt auch hier der alte Spruch: Nur was man kennt, schätzt man auch und ist man bereit zu schützen. Und Schutz haben unsere Wildbienen wahrlich nötig. Nicht zuletzt lassen sich auch Kinder und Jugendliche durch die faszinierenden Beobachtungen an den Nisthilfen für die Wildbienen – und damit vielleicht sogar für die gesamte Insektenwelt – begeistern. Sie sind es schließlich, die den Naturschutzgedanken in die Zukunft tragen müssen.

NUR NISTHILFEN AUFHÄNGEN REICHT NICHT

Doch mit Nisthilfen allein ist es nicht getan, wenn man Wildbienen unterstützen möchte. Die Tierchen brauchen zwingend auch die jeweils geeigneten Nahrungspflanzen für sich selbst und für ihren Nachwuchs. Das Anbieten von Nisthilfen ist daher überhaupt nur sinnvoll in Kombination mit passenden Pflanzen in der Nähe, die den notwendigen Pollen und Nektar spenden. Welche Pflanzen das sein können, lesen Sie ab Seite 112.

Nicht zuletzt benötigen Wildbienenweibchen zum Bau ihrer Brutzellen geeignetes Baumaterial. Auch in dieser Hinsicht sind die Bienendamen meist nur wenig flexibel, die einen verwenden Lehm, die anderen winzige Steinchen, wieder andere Harz. Wollbienen schaben gar feine Pflanzenhaare von Blättern ab und fertigen daraus einen weichen „Puschel", in dem ihre Brutzellen verborgen liegen.

⊙ Wildbienen sind ideale Botschafter für den Insektenschutz – Nisthilfen bieten die Möglichkeit, die Tiere anzulocken und zu beobachten.

Die Garten-Wollbiene, die aufgrund ihrer Färbung an eine Wespe erinnert, schabt feine Wollhaare von behaarten Pflanzen ab, um damit ein Nest für ihre Larven zu bauen.

STECHEN WILDBIENEN EIGENTLICH?

Zwar haben Wildbienen durchaus einen Stachel, zumindest die Weibchen. Allerdings setzen die Wildbienendamen ihren Stachel in der Praxis so gut wie nie ein und die Männchen können mangels Giftstachel ohnehin nicht stechen. Verglichen mit Honigbienen, die schon mal energisch ihren Stock verteidigen, sind Wildbienen ausgesprochen friedfertige Geschöpfe. Man muss sie schon arg in Bedrängnis bringen, damit sie sich zur Wehr setzen. Ein leichtes Streifen mit dem Finger reicht dafür nicht aus, man müsste sie schon regelrecht quetschen. Aber wer macht das schon?

Und wenn es aus Versehen doch einmal vorkommt, ist es auch nicht weiter schlimm. Der Stachel der meisten Wildbienen ist so weich, dass er unsere Haut bestenfalls an einer sehr zarten Stelle durchdringen kann. Und falls dies tatsächlich geschieht, ist der Stich einer Wildbiene weit weniger schmerzhaft als der einer Honigbiene oder Wespe. Es brennt einige Minuten lang – das war's. Kein lang anhaltender Juckreiz, kein Heißwerden der Stichstelle.

Eine gewisse Vorsicht sollten lediglich Menschen walten lassen, die eine ausgeprägte Allergie gegen Insektengift haben und auf einen Stich mit einem allergischen Schock reagieren würden. Diese Allergiker wissen über ihre Gefährdung aber hoffentlich Bescheid und führen stets ein Allergiker-Notfallset mit sich.

Ein Drahtgitter, mit etwas Abstand vor den Brutröhren befestigt, hält hungrige Vogelschnäbel auf Abstand. Die Maschenweite muss aber mindestens 2 cm betragen, damit die Bienen ungehindert hindurchfliegen können.

Schutz vor Vogelschnäbeln

Ein Häng- oder Stellplatz für die Nisthilfe, der sich direkt an Haus, Balkon oder Terrasse befindet, verringert das Risiko, dass hungrige Vogelschnäbel sich an der Bienenbrut bedienen. Die Mehrzahl der Vögel hält doch eher einen gewissen Sicherheitsabstand zum Menschen ein.

Wer seine Wildbienennisthilfe jedoch lieber im Garten platzieren möchte – oder an Balkon oder Terrasse oft zutraulichen Vogelbesuch bekommt –, kann die Brutröhren mithilfe eines Drahtgitters vor dem Zugriff der Schnäbel schützen. Die Maschenweite des Gitters sollte dabei mindestens 2 cm betragen, das erlaubt den Bienen ein ungehindertes Hindurchfliegen. Befestigen Sie das Gitter in 3–5 cm Entfernung vor den Eingängen der Brutröhren. Bei Hartholzblöcken können Sie dazu in die oberen Ecken zwei Hakenschrauben hineindrehen, in die Sie das Gitter einfach einhängen. Bei Schilf- oder Bambusbündeln in Dosen oder anderen Behältern können Sie das Drahtgitter becher- oder deckelförmig biegen, über die Bündel stülpen und mit witterungsbeständigem Klebstoff oder Klebeband oder aber mithilfe eines Drahts am Behälter befestigen.

In den Wintermonaten, wenn im Insektenhotel Ruhe eingekehrt ist, die winterhungrigen Vögel aber mehr denn je auf der Suche nach Insektenkost sind, lässt sich vielfach auch eine feste Platte, ob aus Holz, Blech oder Kunststoff, vor die Front der Nisthilfe lehnen oder mit kleinen Haken lose davorhängen. Das verwehrt den Vögeln wirkungsvoll den Zugriff. Im Frühjahr, bevor die Wildbienen aus den Niströhren schlüpfen, entfernen Sie die Platte dann einfach wieder.

ALTERNATIVE: FESTKLEBEN

Zugegeben, ein Drahtgitter sieht nicht besonders attraktiv aus. Vor allem wenn Sie das Treiben der Wildbienen an Ihren Nisthilfen fotografieren wollen, werden Sie über die auf jedem Bild auftauchenden Gitterdrähte leicht verzweifeln.

Statt durch Schutzgitter können Sie den Vögeln ihre Bienenlarvenmahlzeit auch dadurch verleiden, dass Sie die Bambus-, Schilf- oder Naturstrohhalme in sehr dichter Packung in den vorgesehenen Behälter stecken und sie zusätzlich darin festkleben. Die Vogelschnäbel erreichen dann allerhöchstens noch die vordersten Bienenlarven eines Nistganges – ein noch vertretbarer Verlust. Als Naturfreund gönnt man ja schließlich auch den Vögeln einige Leckerbissen.

Ein positiver Nebeneffekt des Festklebens besteht darin, dass die Klebemasse automatisch einen rückseitigen Verschluss der Niströhrchen bildet. Das bedeutet, Sie müssen in diesem Fall beim Auseinanderschneiden der Bambusrohre nicht darauf achten, dass jedes Stück am Ende einen Knoten aufweist (siehe Seite 28), und auch Schilf- oder Naturstrohhalme sowie Pappröhrchen werden an ihrem hinteren Ende automatisch verschlossen.

DER RICHTIGE KLEBSTOFF

Verwenden Sie für das Festkleben der Pflanzenhalme aber keinen aggressiven chemischen Klebstoff wie Pattex, Uhu und Co. Am einfachsten nehmen Sie Gips dafür. Der besteht aus gemahlenem Kalziumsulfat ($Ca_2SO_4 \times 2\ H_2O$), einem natürlichen Mineral, und ist für wenige Euro in jedem Baumarkt erhältlich. Rühren Sie das Gipspulver nach Anleitung auf der Packung mit Wasser an, gießen Sie es in einer etwa 0,5 cm dünnen Schicht in den Behälter Ihrer Nisthilfe und stecken Sie dann die Pflanzenhalme hinein. Einen Haken hat Gips allerdings: Er wird sehr rasch fest. Bereiten Sie die Halme für die Füllung der Nisthilfe daher *vor* der Klebe-Aktion bereits vollständig vor.

Nicht ganz so unter Zeitdruck müssen Sie arbeiten, wenn Sie statt natürlichem Gips die kunststoffvergütete Gips-Spachtelmasse „Uniflott“ des Herstellers Knauf verwenden. Auch sie ist in jedem Baumarkt erhältlich, ist als unbedenklich für Gesundheit und Umwelt eingestuft – und härtet deutlich langsamer aus als reiner Gips.

Als Kleber gleichfalls denkbar ist trinkwassergeeignetes Silikon (sogenanntes Aquariensilikon) oder Bienenwachs. Letzteres können Sie durch Eintauchen in heißes Wasser sogar wieder verflüssigen, etwa wenn Sie einige Niströhren einmal austauschen wollen.

ZUM FESTKLEBEN GEEIGNETE SUBSTANZEN

- Natürlicher Gips
- Ungiftige Gips-Spachtelmasse, z. B. „Uniflott“
- Trinkwassergeeignetes Silikon (Aquariensilikon)
- Bienenwachs

Um Pflanzenhalme mit Gips am Boden eines Behälters festzukleben, bereiten Sie die Halme am besten in einem ebenso großen zweiten Behälter fix und fertig vor. Dann können Sie sie nach dem Einfüllen des Gipses schnell und mit wenigen Handgriffen an die richtige Stelle stecken. Gips härtet rasch aus!

Wenn es gut werden soll …

Wie bereits erwähnt, haben die meisten Wildbienen sehr konkrete Vorstellungen davon, wo sie ihre Brutzellen anlegen wollen. Ihr Verhalten ist genetisch festgelegt, sie können gar nicht anders. Die Konsequenz daraus ist, dass die angebotenen Nisthilfen sehr genau den Ansprüchen der Bienen entsprechen müssen, damit sie von diesen angenommen werden.

Leider erweisen sich die meisten der im Gartencenter, Baumarkt oder sogar Discounter angebotenen Insektenhotels in der Praxis als eher untauglich. Sie sehen zwar nett aus, werden von den Wildbienen aber großteils einfach ignoriert. Schade um das Geld!

Da macht es weit mehr Sinn, Nisthilfen selber zu basteln. Abgesehen vom Spaß beim Basteln hat dies noch den weiteren Vorteil, dass man sich gemeinhin um die Werkstücke, in die man viel eigene Mühe investiert hat, später sorgfältiger kümmert als um „nur" gekaufte Dinge.

FEHLER MÜSSEN NICHT SEIN

Allerdings – auch beim Selberbasteln kann man Fehler machen. Und die haben zur Folge, dass man hinterher enttäuscht ist über leerstehende Nisthilfen. Folgende Punkte, die leider immer wieder falsch gemacht werden, sollten Sie daher **unbedingt vermeiden:**

- **Bambus- oder Schilfstängel mit gesplittertem oder zerfranstem Eingang:** Weil die Biene, wenn sie mitgebrachten Pollen abstreifen will, oft rückwärts in ihr Brutröhrchen kriecht, würde sie sich dort ihre empfindlichen Flügel an den Spänen zerschlitzen. Und wer vorwärts in den engen Gang hineinkriecht, muss rückwärts wieder raus – mit derselben fatalen Folge für die Flügel. So etwas vermeiden Bienen instinktiv.
- **Plastiktrinkhalme oder Plastikröhrchen:** Der Kunststoff erlaubt keinerlei Gasaustausch, solche Röhrchen führen daher unweigerlich zur Verpilzung der darin befindlichen Bienenbrut.
- **Hohle Stängel mit zu großem Durchmesser:** Sie sind vielleicht gut gemeint, aber sinnlos. Wildbienendamen bevorzugen durchweg Niströhren, in die sie gerade noch hineinkriechen können. Eine unserer größten Bienen, die in hohlen Pflanzenstängeln nisten, ist die Gehörnte Mauerbiene (*Osmia cornuta*) mit 10–15 mm Körpergröße. Und die sucht sich meist Gänge von 8 oder 9 mm Durchmesser aus. Stängel von

⊙ Unzureichend getrocknetes Holz bekommt, wenn es nicht regengeschützt ist, nach kurzer Zeit Risse. Aufgerissene Nistgänge aber werden von Wildbienen nicht angenommen und sind wertlos.

mehr als 10 mm Innendurchmesser werden nur ganz ausnahmsweise angenommen. Für den Bau ihrer Brutzellen müssten die Bienen darin unverhältnismäßig viel Material und Zeit aufwenden. Auch Insekten arbeiten möglichst rationell.

> **Bohrlöcher in Weichholz oder Nadelholz:** In Stämme oder Äste von Weichholz-Baumarten wie Pappel, Weide, Linde und fast allen Nadelbäumen lassen sich Löcher ohne großen Kraftaufwand bohren. Leider quillt dieses Holz leicht und es stellen sich dann in den Bohrlöchern Holzfasern auf, sobald für einige Tage eine feuchte Witterung herrscht. Die querstehenden Fasern verhindern eine Besiedelung durch Bienen und die Nisthilfe bleibt leer. Bei Nadelhölzern kommt zusätzlich die bekannte Harzbildung dazu. Die in die Löcher kriechenden Bienen können daran jämmerlich kleben bleiben.

> **Bohrlöcher im sogenannten Stirnholz:** Die runden Scheiben von dicken Ästen oder sogar Baumstämmen mögen ja hübsch aussehen, entwickeln aber im Laufe der Trocknung eine starke Rissbildung, die durch in Längsrichtung gebohrte Löcher noch verstärkt wird. Über die Risse können nicht nur Pilze, sondern auch Parasiten in die Bohrlöcher und damit in die Brutzellen der Wildbienen eindringen.

> **Zu feuchtes Hartholz:** Auch wenn kein Weichholz verwendet wurde und die Löcher korrekt von der Längsseite her gebohrt wurden, können sich am Eingang der Bohrungen nachträglich Holzfasern aufrichten. Und zwar immer dann, wenn das Holz noch zu frisch war oder wenn es von Regen durchnässt wurde. Ein Stück Hartholz sollte vor seiner Verwendung mindestens ein, bei größeren Stücken besser zwei oder drei Jahre an einem trockenen Ort abgelagert worden sein, um alle Feuchtigkeit verloren zu haben. Ebenso sollte eine fertige Nisthilfe aus gebohrtem Hartholz vor direktem Regen geschützt werden. Vor allem die Seite, an der man die Jahresringe des Holzes sieht, braucht einen Regenschutz. Weil die Holzfasern stets in Längsrichtung verlaufen, kann die Nässe von der Stirnholzseite her am leichtesten eindringen.

⊙ Man kann noch so glattwandige Löcher in den Holzblock gebohrt haben – wenn das Holz nicht gut abgelagert war, richten sich die Holzfasern vor allem an der regenexponierten Lochmündung nachträglich auf und versperren den Bienen den Zugang zur Niströhre.

> **Kiefernzapfen:** Sie sind zwar in vielen käuflichen Insektenhotels zu finden, dienen aber bestenfalls ein paar Spinnen als Versteck. Wildbienen werden Sie darin nicht finden.

> **Ytong-Steine:** Solche Porenbetonsteine wurden eine Zeit lang als Baumaterial für Nisthilfen vorgeschlagen, weil sie wetterfest und leicht zu sägen und mit Bohrlöchern zu versehen sind. Heute weiß man, dass dieses Material viel Luftfeuchtigkeit in seine Poren zieht, wodurch der Pollenvorrat für die Bienenlarven verpilzt und die Larven über kurz oder lang absterben.

HILFE, PARASITEN!

HÄUFIG SIND Bienenfreunde geradezu entsetzt, wenn sie feststellen müssen, dass die Wildbienen in ihrer extra aufgestellten Nisthilfe einem Parasitenbefall zum Opfer gefallen sind. Dabei gehören Parasiten zum komplexen Gefüge eines Ökosystems einfach dazu. Die typisch menschliche Einteilung in Gut und Böse ist hier absolut nicht angebracht. Zwischen dem Parasiten und seinem Wirtsorganismus besteht in der Natur stets ein mehr oder minder stabiles Gleichgewicht, da ein Parasit, der überhandnimmt und seinen Wirt über Gebühr schädigt, sich seine eigene Lebensgrundlage abgräbt. In der Folge wird sein Bestand automatisch geringer und die Wirtsart hat die Chance, sich wieder zu erholen. Kurz: Ein Parasit hat noch nie eine Tierart ausgerottet – im Gegensatz zu uns Menschen.

Wer sich näher mit der Lebensweise von Parasiten beschäftigt, wird nicht umhinkommen, sie als faszinierende Spielart der Natur zu erkennen.

Sehen wir uns hier – stellvertretend für viele verschiedene Arten – einige Insekten genauer an, die bei Wildbienen als Schmarotzer auftreten und an Nisthilfen häufig zu beobachten sind:

Der Trauerschweber

An Nisthilfen, die von Mauerbienen oder auch Blattschneiderbienen besiedelt sind, kann man immer wieder auch schwarze, dickliche Fliegen beobachten, die dort sitzen und warten oder in geschicktem Schwebflug vor dem Eingang einer Niströhre schwirren. Mit raschen Pendelbewegungen des Hinterleibs wirft der Trauerschweber (*Anthrax anthrax*) einige Eier in den Nesteingang der Biene. Die geschlüpften Fliegenlarven bewegen sich dann aktiv weiter in die Niströhre hinein, wo sie zuerst am Pollenvorrat mitfressen, sich später dann in die Bienenlarve hineinbohren, um sich schließlich darin zu verpuppen. Mit einer Art Sägezähnen an ihrem Vorderende sägt sich die Fliegenpuppe zuletzt aus dem Bienenkokon sowie aus der Brutzelle heraus, die Puppenhaut reißt auf und die fertige Trauerschweber-Fliege schlüpft aus.

Der Trauerschweber ist häufig an Nistgängen von Mauerbienen oder Blattschneiderbienen zu beobachten. Seine Larven entwickeln sich im Inneren der Bienenlarven.

Die Taufliege *Cacoxenus indagator*

Im Frühjahr sitzen oft winzige Fliegen mit großen, roten Augen an Niströhrchen von Insektenhotels. Es handelt sich um Verwandte der allgegenwärtigen

Die rotäugige Taufliege *Cacoxenus indagator* wartet geduldig, bis die Luft rein ist, um dann ihre Eier in die Brutzelle einer Mauerbiene zu legen.

Die bunt schillernde Schneckenhaus-Goldwespe legt ihre Eier in die Brutzellen von Mauerbienen, die in Schneckenhäusern nisten.

Obst- oder Essigfliegen, die sich gerne an fruchtigen Küchenabfällen sammeln. Wie sehr viele Insekten hat diese kleine Fliege keinen gültigen deutschen Namen, sodass nur die Verwendung des wissenschaftlichen Artnamens *Cacoxenus indagator* bleibt. Tatsächlich ernährt sich auch diese Taufliegenart als ausgewachsenes Insekt von überreifem Obst und süßen Fruchtsäften, ihre Larven jedoch entwickeln sich in den Nestern der Rostroten und der Gehörnten Mauerbiene. Dazu wartet das Taufliegenweibchen geduldig, bis die Mauerbiene zum nächsten Sammelflug startet. Flugs krabbelt sie in die Brutzelle der Biene, legt dort rasch einige Eier und verlässt den „Tatort" sogleich wieder. Die geschlüpften Fliegenmaden machen sich umgehend über die Pollenvorräte in der Brutzelle her. Bei nur wenigen Fliegenmaden reicht der Proviant auch noch für die Mauerbienenlarve, sind es aber viele Fliegengeschwister, kann er schon mal knapp werden. Die Maden beißen dann kurzerhand die Trennwand der Brutzelle durch und wandern in die benachbarte Zelle ein. Im Herbst bewegt sich das Grüppchen Fliegenlarven in Richtung Ausgang der Niströhre, wo eine von ihnen ein kleines Loch in den Verschlussdeckel beißt. Im Frühjahr verpuppen sich die Larven dann, um schließlich als fertige Taufliegen zu schlüpfen und die Bienen-Niströhre durch das zuvor angelegte Loch zu verlassen. Zurück bleiben Massen an typischem *Cacoxenus*-Kot: gelbe, gekräuselte Fäden, die wie Miniaturspaghetti aussehen und bei der Reinigung von Nisthilfen nicht selten zutage treten (siehe Bild Seite 79).

Die Schneckenhaus-Goldwespe

Goldwespen machen ihrem Namen alle Ehre: Es sind prächtig blau, grün, rot und oft auch golden metallisch glänzende, kleine Wespen, die als ausgewachsene Insekten ganz friedlich von Blütennektar leben, deren Larven aber bei anderen Insekten schmarotzen. So zum Beispiel die Schneckenhaus-Goldwespe (*Chrysura trimaculata*) bei Mauerbienen, die in Schneckenhäusern nisten. Die Goldwespe legt ein bis zwei Eier in eine Bienen-Brutzelle, wo die Wespenlarve gleich nach dem Schlüpfen zur Larve der Wirtsbiene hinkriecht und diese nach und nach aussaugt. Erst wenn die Bienenlarve ihr Ende gefunden hat, verpuppt sich die Goldwespenlarve noch im Schneckenhaus.

NISTHILFEN-ELEMENTE für Wildbienen

Wildbienen haben sehr individuelle Bedürfnisse, was ihre Brutplätze angeht. Folglich können Sie umso mehr verschiedene Wildbienenarten unterstützen, je mehr unterschiedliche Nisthilfen Sie in Ihrem Umfeld anbieten. Auf den folgenden Seiten erfahren Sie, worauf Sie beim Basteln von Nisthilfen achten sollten, und finden Anregungen, wie Sie mit Nisthilfen in immer neuen, kreativen Variationen Ihren Garten in ein attraktives Bienenparadies verwandeln.

SCHILFHALME

Aus den hohlen Halmen von Schilf können Sie im Handumdrehen ganze „Wohnsiedlungen“ für Wildbienen zaubern. Auch wenn die allermeisten Wildbienenarten sogenannte Solitärbienen sind, haben die summenden Bienendamen doch nichts einzuwenden gegen eine enge Nachbarschaft mit anderen Wildbienen. Für ein großzügiges Angebot an Wohnraum spricht auch Folgendes: Je mehr Halme bereitliegen, desto leichter finden auch Nachzügler unter den Bienenweibchen sowie spätfliegende Arten noch ein freies Quartier für ihren Nachwuchs.

Am einfachsten geht das Basteln einer Nisthilfe aus Schilfhalmen, indem Sie eine Schilfmatte erwerben, wie sie in Gartencentern oder Baumärkten als Sichtschutz für wenig Geld angeboten wird.

WAS SIE BRAUCHEN

- Schilfmatte aus dem Baumarkt oder Gartencenter
- Scharfe Gartenschere oder kleine Handsäge
- Holzkiste
- Eventuell Drahtgitter in Größe der Holzkiste, Maschenweite ca. 2 cm
- Beißzange
- Tacker

Alternative: andere hohle Stängel

Natürlich können Sie auch einzelne Schilfhalme von einem Gewässerrand oder andere hohle, aber stabile Pflanzenstängel zurechtschneiden, bündeln und den Bienen anbieten. Bei einem Spaziergang lassen sich zum Beispiel die hohen Stängel der Wilden Karde (*Dipsacus fullonum*) sammeln. (Handschuhe anziehen! Die Pflanze ist mit spitzen Stacheln bewehrt.) Ebenso hat der meterhohe Japanische Riesenknöterich (*Fallopia japonica*) hohle Stängel. In ihrem unteren Teil sind diese zwar viel zu dick für Wildbienen, aber im oberen Sprossteil sind sie schmal genug, um von Wildbienen als Brutröhren akzeptiert zu werden. Riesenknöterich breitet sich in vielen Gegenden geradezu invasionsartig aus und ist somit eine reiche Stängelquelle.

TROCKNEN IST WICHTIG

Frisch geschnittene Pflanzenstängel müssen unbedingt gut trocknen (mindestens einige Wochen lang), bevor sie den Bienen als Brutquartier angeboten werden. Eine in den Stängeln verbliebene Restfeuchtigkeit würde eine Verpilzung der Bienenbrut fördern.

Bereits vollständig trocken sind Naturstrohhalme, die man als Bastelbedarf kaufen kann, zum Beispiel als Material für die beliebten Strohsterne. Dagegen ist ein bei der Getreideernte übrig gebliebenes Stroh durch den Mähdrescher gequetscht und zerschlissen und eignet sich daher leider überhaupt nicht als Bienen-Kinderstube.

Wildbienen haben nichts gegen eine enge Nachbarschaft einzuwenden.

Wer zieht hier ein?

Weil die Schilfhalme einer gekauften Matte und erst recht natürlich die frei gesammelten hohlen Pflanzenstängel unterschiedliche Innendurchmesser haben, werden sich in solchen Nisthilfen eine ganze Reihe verschiedener Wildbienenarten ansiedeln, von Mauerbienen über Masken- und Löcherbienen bis zu Scherenbienen. Als Beispiele seien hier nur vier besonders kleine Bienenarten, die die engen Schilfhalme bevorzugen, genannt: die Distel-Mauerbiene (*Osmia leaiana*), die Rundfleck-Maskenbiene (*Hylaeus dilatatus*), die Gekerbte Löcherbiene (*Heriades crenulatus*) und die Kurzfransige Scherenbiene (*Chelostoma campanularum*).

TIPP

Achten Sie bei Verwendung loser Halme stets auf eine möglichst dichte Packung im Behälter der Nisthilfe. Das erschwert es Vögeln, einzelne Halme herauszuzupfen, um sie sodann von der Seite aufzuhacken und sich an den Bienenlarven gütlich zu tun. Haben findige Vögel diese Futterquelle erst einmal entdeckt, hilft nur noch ein davor angebrachtes Schutzgitter (siehe Seite 18). Oder Sie kleben die Halme am Grund des Behälters kurzerhand fest (siehe Seite 19).

SCHRITT FÜR SCHRITT

1 SCHILFMATTE IN STREIFEN SCHNEIDEN, …

→ Bei den käuflichen Schilfmatten sind die einzelnen Schilfhalme praktischerweise bereits mit dünnem Draht aneinandergebunden. Das erleichtert Ihnen die Arbeit sehr. Zerschneiden Sie die Matte einfach in 20–30 cm breite Streifen, wobei Sie den Schnitt immer zwischen zwei Bindedrähte setzen. Verwenden Sie dazu eine wirklich scharfe Gartenschere, damit die Halme möglichst wenig gequetscht werden und nicht aufsplittern. Auch mit einer scharfen, feinzähnigen Handsäge klappt das gut. Die einzelnen Schilfhalme sollten auf jeden Fall etwa 5 cm kürzer sein als die Höhe des vorgesehenen Behälters.

2 … AUFROLLEN UND IN DIE KISTE STECKEN

→ Wickeln Sie nun jedes dieser Matten-Teilstücke zu einer festen Rolle auf und stecken Sie die Rollen in Ihre Holzkiste, bis diese vollständig gefüllt ist. Damit ist das Wildbienenquartier schon fast fertig. Weil die Schilfhalme alle miteinander verbunden sind, tun sich Vögel schwer, einzelne Halme herauszuziehen, um an Larven heranzukommen. Allerdings könnten sie den Verschlussdeckel eines vollbelegten Halmes aufpicken und die jeweils letzte Brutzelle plündern. Wo Vögel diese Möglichkeit, an ein reiches Larvenbüfett zu gelangen, entdeckt haben, sorgt ein Drahtgitter für Abhilfe.

ZEITAUFWAND
Etwa 1 Stunde, wenn eine Schilfmatte verwendet wird; länger, wenn die Stängel einzeln geschnitten werden.

3 SCHUTZGITTER BEFESTIGEN

→ Schneiden Sie mit einer Beißzange das Gitter genau auf die Größe der Öffnung Ihrer Holzkiste zu. Lassen Sie dabei möglichst keine Drahtenden überstehen, an denen Sie sich später beim Hantieren mit der Nisthilfe verletzen könnten. Fixieren Sie das Gitterstück dann am Rand der Kiste. Das geht am einfachsten mit einem Tacker, sei es ein Elektrotacker oder ein Handgerät. Natürlich können Sie das Gitter ebenso gut auch mithilfe eines Hammers und kleiner U-Krampen am Kistenrand annageln.

4 NISTHILFE AUFHÄNGEN

→ Zu guter Letzt muss die mit Schilf gefüllte und gesicherte Nisthilfe noch so an einer Wand aufgehängt werden, dass die Schilfhalme waagerecht ausgerichtet sind. Wildbienen, die ihren Nachwuchs in vorgefundenen Hohlräumen deponieren, halten nämlich nichts von „Turmwohnungen" in senkrechten Röhren. Befestigen Sie also zwei Aufhänger, wie sie für Bilderrahmen verwendet werden, oder ein Winkeleisen an der Holzkiste und hängen Sie die Nisthilfe an eine Haus- oder Schuppenwand, am besten unter einen Dachüberstand. Alternativ lässt sich die Kiste auch einfach auf ein Holzbord, eine Mauerbrüstung oder einen Brennholzstapel legen.

VARIATIONEN IN DOSEN

Dosenschilf

Schneiden Sie ein Bündel Schilfhalme auf die Länge einer leeren Konservendose zu. Gießen Sie eine dünne Schicht mit Wasser angerührten Gips in die Dose und stecken Sie die Halme hinein, bis die Dose dicht gefüllt ist. Fertig! Durch das Ankleben am Boden verschließen Sie die Halme automatisch an ihrem Ende. Worauf Sie beim Ankleben achten sollten, lesen Sie auf Seite 13.

Die kleine Nisthilfe können Sie zum Beispiel in eine passende Lücke im Brennholzstapel stecken, wobei etwas überstehende Holzscheite auch gleich einen Regenschutz abgeben.

Bildschöne Fassade

Durch Verwenden nicht nur dünner Schilfhalme, sondern auch dickerer hohler Pflanzenstängel wie Bambus oder auch käuflicher Pappröhrchen (siehe Seite 124) können Sie Muster in die Front Ihrer Nisthilfe zaubern. Das sieht nicht nur hübsch aus, es erleichtert den anfliegenden Bienenmüttern auch das Wiederfinden ihrer Brutröhre. Das Befüllen der Dose geschieht, wie beim „Dosenschilf" beschrieben. Um die fertige Nisthilfe an einer Wand aufzuhängen, befestigen Sie am Boden der Dose mit Heißkleber einen Bilderaufhänger. Oder Sie stanzen zwei Löcher ins Blech, durch die Sie einen Draht ziehen, biegen diesen zur Öse und verdrillen dessen Enden im Doseninneren. Um in der Sonne ein übermäßiges Aufheizen des Blechs und damit ein Kochen der Bienenbrut im Inneren zu vermeiden, sollten Sie eine isolierende Kork- oder Filzplatte außen um die Dose kleben oder festbinden.

Typ Langhaus

Schneiden Sie Schilfhalme, ob von einer Schilfmatte abgeschnitten oder aus einem Feuchtgebiet geholt, auf etwa 50 cm Länge zu. Dann befreien Sie eine leere, ausgewaschene Konservendose mit dem Dosenöffner von ihrem Boden, sodass eine kurze Blechröhre übrig bleibt. Durch diese stecken Sie Ihr Bündel Schilfhalme hindurch. Die Halme sollten die Dose in so dichter Packung ausfüllen, dass sie weder von Vögeln herausgezogen noch vom Wind herausgeschüttelt werden können. Dann hängen Sie das Schilfbündel waagerecht an einer sonnigen Wand auf, wo die Bienen die Nisthilfe von beiden Seiten her anfliegen können. Ein Obstspalier ist geradezu ideal dafür.

BAMBUSRÖHRCHEN

Eine Reihe von Wildbienenarten können Sie ganz leicht in den Garten locken, indem Sie ihnen eine Auswahl hohler Bambusröhrchen anbieten. Bambusstängel sind sehr hart und daher beinahe unverwüstlich. Das erhöht nicht nur die Lebensdauer einer gebastelten Nisthilfe, es schützt auch die Bienenbrut. Parasitische Wespen nämlich, die Pflanzenstängel von der Seite her aufnagen, um ihre Eier dann in die Brutzellen der Bienen zu legen, haben beim harten Bambus kaum eine Chance.

Woher nehmen?

Bambusstängel sind nicht schwer zu beschaffen. In zahlreichen Gärten wächst Bambus in verschiedenen Arten als Zierpflanzen. Und weil die Riesengräser überaus schnellwüchsige Pflanzen sind, ist über kurz oder lang für alle diese Bambusbüsche ein Auslichten oder ein Einbremsen ihres Ausbreitungsdrangs angesagt. Wenn Sie selber stolzer Besitzer von Gartenbambus sind: Voilà, da haben

Die Rostrote Mauerbiene „fliegt" geradezu auf Bambusquartiere.

Sie ja schon Ihr Material für Wildbienenquartiere! Oft kann man aber auch von Nachbarn, die ihren Zierbambus zurückschneiden, die Stängel gratis bekommen. Oder Sie inserieren in der örtlichen Zeitung und bieten zum Beispiel Ihre Hilfe beim Bambusrückschnitt an – gegen Überlassung der Halme.

Ebenso gibt es Bambusrohr als Pflanzen-Stützstäbe in jedem Gartencenter und in Baumärkten für wenige Euro zu kaufen, und zwar in unterschiedlichen Durchmessern. Das trifft sich gut, denn die verschiedenen Wildbienenarten haben jeweils ganz bestimmte Vorlieben, was die Geräumigkeit ihrer Brutröhren anbelangt. Besorgen Sie sich also verschieden dicke Bambusrohre, mit Innendurchmessern von 3–9 mm.

Wer zieht hier ein?

Mit Bambusnisthilfen im Garten, auf der Terrasse oder am Balkon werden Wildbienen nicht lange auf sich warten lassen. Vor allem die Rostrote Mauerbiene (*Osmia bicornis*) und die Gehörnte Mauerbiene (*Osmia cornuta*) „fliegen" regelrecht darauf, wobei sie den Röhrchen mit 6–8 mm Lochdurchmesser den Vorzug geben. Zugegeben, die beiden Arten zählen nicht zu den bedrohten Bienen, sind aber auffällig gefärbt und leicht zu erkennen und stellen damit vor allem für Anfänger unter den Wildbienenfreunden attraktive Beobachtungsobjekte dar.

WAS SIE BRAUCHEN

- Unterschiedlich dickes Bambusrohr, Lochdurchmesser 3–9 mm
- Feine Laubsäge oder Metallsäge (Stichsäge mit feinem Blatt geht auch)
- Schmirgelpapier
- Topf oder Dose mit parallelen Wänden

Auch zum Beispiel die Natternkopf-Mauerbiene (*Osmia adunca*) oder die Einhöckrige Mauerbiene (*Osmia niveata*) nisten gern in den Bambusröhrchen.

SELBST IST DIE BIENE

Wenngleich die meisten Besiedler von Bambusröhrchen gezielt nach engen Hohlräumen suchen, in denen sie ihre Nester anlegen können, haben doch einige wenige Wildbienenarten kein Problem damit, eventuell noch vorhandenes Mark aus den Bambushalmen selber herauszunagen und sich auf diese Weise den nötigen Hohlraum selbst zu schaffen. Zu diesen gehören die Glockenblumen-Scherenbiene (*Chelostoma rapunculi*) ebenso wie die Gewöhnliche Löcherbiene (*Heriades truncorum*). Im Gegensatz zu den größeren Mauerbienen bevorzugen diese kleineren und schlankeren Arten aber die eher engeren Röhrchen mit nur 3–4 mm Innendurchmesser.

SCHRITT FÜR SCHRITT

1 IN STÜCKE SCHNEIDEN, ...

→ Sägen Sie die Bambusstäbe in 10–20 cm lange Stücke, und zwar so, dass der Schnitt jeweils knapp hinter einer der Halmverdickungen zu liegen kommt. An diesen sogenannten Knoten hat das Bambusrohr eine Querwand eingezogen, sodass bei dieser Schnitttechnik jedes Röhrchen ein geschlossenes Ende hat. Das ist wichtig, denn ein Röhrchen mit „Licht am Ende des Tunnels“ würde von den Bienen nicht besiedelt werden. Achten Sie darauf, dass die zersägten Bambushalme an ihrer Öffnung nicht ausgefranst sind. Hineinschlüpfende Bienen könnten sich an den Spänen verletzen. Entfernen Sie daher abstehende Späne mit einem Stück Schmirgelpapier.

2 ... VOM MARK BEFREIEN ...

→ Falls das Bambusrohr noch ganz oder fast ganz mit Mark gefüllt ist, muss das Mark daraus entfernt werden. Am besten geht das mit einem Bohrer in der Dicke des jeweiligen Bambusrohrs (am einfachsten mithilfe einer Akku-Bohrmaschine), zur Not klappt es aber auch mit einem dicken Draht oder einer Stricknadel.

Wenn Sie frische Bambusstängel aus dem Garten verwenden, sollten Sie die Halmstücke danach unbedingt einige Wochen trocknen lassen, bevor Sie sie als Nisthilfen ausbringen. Bei noch feuchten Halmen kann der Pollenproviant für die Bienenlarven allzu leicht schimmeln und verderben.

ZEITAUFWAND
Etwa 2–3 Stunden, je nach Anzahl der Bambusröhrchen.

3 … UND AB IN DEN TOPF!

→ Um die vorbereiteten Röhrchen den Bienen bezugsfertig anzubieten, können Sie sie beispielsweise in einen Blumentopf oder -übertopf mit senkrechten Wänden stecken. Ebenso geben Reststücke von Installationsrohren aus Kunststoff gute Behältnisse ab, auch Vorratsdosen eignen sich dafür. Um die Bambus-Apartments vor dem Zugriff hungriger Spechte oder anderer Vögel zu schützen, die larvengefüllte Röhrchen manchmal herausziehen und aufhacken, müssen Sie die Halme entweder so dicht packen, dass sie regelrecht festklemmen. Oder Sie kleben sie kurzerhand am Gefäßboden fest (siehe Seite 12).

4 SCHON BEZUGSFERTIG!

→ Legen Sie Ihre Nisthilfe zuletzt so in ein Regalfach eines größeren Insektenhotels oder auf eine Mauerbrüstung, dass die Bambusstücke waagerecht ausgerichtet sind. Wer seine Bambusnisthilfe lieber an einer Wand aufhängen möchte, kann im Falle eines Blumentopfs dessen Wasserabzugsloch als Aufhänger nutzen. Drehen Sie einen rechtwinkeligen Haken in die Wand und hängen Sie den Topf über dessen Bodenloch daran auf. Bei leichteren Kunststoffdosen oder einem Blumenübertopf aus Kunststoff können Sie am Gefäßboden auch mit Heißkleber einen Bilderaufhänger anbringen.

NOCH MEHR IDEEN

Ziegelstein als Bambushalter

Lochziegel, wie sie oft zum Hausbau verwendet werden, lassen sich als „Halter“ für die Bambusröhrchen nutzen, indem Sie diese, natürlich wiederum waagerecht, einfach in die Ziegellöcher stecken. Sofern die Röhrchen nicht stabil in den Ziegellöchern klemmen, kleben Sie sie am besten mit etwas Heißkleber darin fest.

Solche Lochziegel alleine, also ohne Bambusstäbchen, taugen übrigens nicht als Wildbienennistplatz, auch wenn man sie immer wieder mal in großen Insektenhotel-Stellwänden integriert sieht. Keine Art würde deren viel zu weite Hohlräume besiedeln.

Bambus statt Wein

Im Baumarkt oder übers Internet lassen sich sogenannte Weinlagerziegel für wenige Euro erwerben. Sie bestehen aus gebranntem, unglasiertem Ton, ein Baustoff, der Feuchtigkeit und Temperatur besonders gut ausgleichen kann. Was für die Weinlagerung vorteilhaft ist, kommt auch dem Bienennachwuchs zugute. Füllen Sie also statt Weinflaschen einfach Bambusröhrchen in dichter Packung in die Hohlräume des Ziegels und legen Sie diesen auf eine Mauerkrone oder in ein Regal. Aufgrund von dessen Eigengewicht bedarf es nicht extra einer Befestigung.

Doppelhaushälften

Besonders einfach und schnell geht es, wenn Sie die vorbereiteten Bambusstäbchen zu einem festen Bündel zusammenschnüren und waagerecht an einer Wand, einem Zaun oder am Balkongeländer aufhängen, am besten windgeschützt und unter einem schützenden Dachvorsprung. Auch auf eine Mauerkrone oder einen Gebäudesims können Sie das Halmbündel legen – und befestigen, damit es bei starkem Wind nicht fortgeweht wird.
Was das Praktische ist: Bei einem solchen „nackten“ Bambusbündel dürfen die einzelnen Röhrchen doppelt so lang sein wie sonst und einen Knoten in der Mitte haben. Auf diese Weise bietet jedes Röhrchen Platz für zwei Wildbienennester, von jeder Seite eines. Voraussetzung ist jedoch, dass jeder der beiden Hohlräume, von der Öffnung bis zum zentralen Knoten gemessen, mindestens 10 cm lang ist.

HARTHOLZ MIT BOHRLÖCHERN

Dauerhafter als hohle Pflanzenstängel sind Nisthilfen aus Hartholz. Einigermaßen vor Witterungseinflüssen geschützt, können sie vielen Generationen von Wildbienen als Kinderstube dienen. Wie die hohlen Pflanzenstängel werden sie von solchen Bienenarten besiedelt, die ihre Brutröhren nicht selber nagen, sondern auf vorgefundene Hohlräume zurückgreifen. In der Natur sind dies gerne die verlassenen Fraßgänge von Käferlarven im Holz – und genau diese dienen uns hier beim Nisthilfenbau als Vorbild (siehe Foto Seite 35).

Käferfraßgänge verlaufen in der Regel waagerecht, also im rechten Winkel zum Faserverlauf des Holzes, und haben erstaunlich glatte Wände samt einem säuberlich runden Ausgang. Dies nachzuahmen muss unser Ziel sein.

Holz ist nicht gleich Holz

Um es gleich vorweg zu sagen: Nadelholz ist für Wildbienennisthilfen grundsätzlich ungeeignet! Es sondert Harz ab, bekommt sehr leicht Risse und seine Fasern quellen bei Feuchtigkeit stark auf und ragen dann in den Bohrgang – alles fatal für die Biene und ihren Nachwuchs. Was Sie stattdessen brauchen, ist Hartholz von Laubbäumen, das zudem gut abgelagert, das heißt mindestens 1–2 Jahre alt und völlig durchgetrocknet sein muss. Dass es nicht mit Holzschutzmitteln behandelt, geölt oder druckimprägniert sein darf, versteht sich eigentlich von selbst.

Was die Größe des Hartholzblocks betrifft, sind Ihrem Ehrgeiz kaum Grenzen gesetzt. Nur für seine Tiefe gibt es eine klare Vorgabe: Da die Bohrlöcher etwa 8–10 cm tief sein sollten und an ihrem Ende auf jeden Fall blind enden müssen, muss das Holzstück mindestens 11–12 cm dick sein. In Anbetracht des nicht unerheblichen Gewichts von massivem Hartholz und des Arbeits- und Kraftaufwands zum Bohren der vielen Nistgänge, haben sich Holzblöcke von ungefähr der Größe eines Ziegelsteins gut bewährt. Zweifellos aber freuen sich Wildbienen auch über größere Werkstücke …

WIE MAN ZU HARTHOLZ KOMMT

Stellt sich noch die Frage, wo das Holz herbekommen. Da gibt es vielfache Möglichkeiten: Sie können bei Schreinereien vorstellig werden, die gewöhnlich ihre berufsinternen Bezugsquellen für die gewünschten Hölzer haben oder womöglich sogar Reststücke gegen einen geringen Obolus abgeben. Viele Baumärkte haben 12 × 12 cm dickes Kantholz in ihrem Sortiment. Sie können bei Firmen, die Kaminholz anbieten, nach geeignetem Laubholz fragen oder auch Internet-Verkaufsportale wie eBay und Co. nach „Eschenholz“, „Eichenholz“, „Massivholz“ und ähnlichen Schlagwörtern durchsuchen. Nicht zuletzt wird manchmal in der Nachbarschaft ein Laubbaum gefällt, von dem man sich ein sich Stammstück erbitten kann. Längs gespalten und entrindet kann man dieses sodann 1–2 Jahre an einem trockenen Ort ablagern und dann zum Nisthilfenbau verwenden.

Diese Rostrote Mauerbiene hat ihre Brutzellen in einem Bohrloch eines Hartholzblocks angelegt und verschließt das Nest nun sorgfältig mit einem feuchten Lehmgemisch.

HARTHOLZ-BAUMARTEN

Das Holz dieser Bäume eignet sich besonders gut als Wildbienennisthilfe:

- Esche
- Apfel
- Birne
- Pflaume
- Eiche
- Rotbuche
- Hainbuche
- Kastanie
- Ahorn
- Ulme
- Birke

Gut gebohrt ist halb gewonnen

Das A und O, damit die Bienen Ihre gebaute Nisthilfe auch tatsächlich annehmen, ist die saubere Ausführung der Lochbohrungen. Holzfasern, die an den Wänden oder am Eingang der Röhre abstehen, können nur allzu leicht die empfindlichen Flügel des Bienenweibchens zerschlitzen, was praktisch einem Todesurteil gleichkommt. Die Tiere meiden daher instinktiv solch raue Hohlräume – und Ihre mühsam gebohrten Löcher bleiben dauerhaft leer.

> Verwenden Sie unbedingt gute, das heißt im Klartext: neue, scharfe, möglichst hochwertige (gehärtete) Holzbohrer.

> Bohren Sie nicht ins sogenannte Stirnholz, also nicht in die Holzscheibe, auf der man die Jahresringe des Baums sehen kann. Solche Bohrungen bekommen durch Witterungseinflüsse sehr leicht Risse und werden für die Bienen dann unbrauchbar. Parasiten könnten in die Larvengänge eindringen, ganz zu schweigen davon, dass sich die Bienen selbst an den dann aufstehenden Holzfasern verletzen könnten. Richtig ist, in die Längsseite des Holzstücks zu

bohren, das heißt, im rechten Winkel zum Verlauf der Holzfasern. Das entspricht auch unserem natürlichen Vorbild, Sie erinnern sich: den Fraßgängen der Käferlarven.

> Die Länge der Bohrlöcher von 8–10 cm entspricht praktischerweise gerade der Länge von handelsüblichen Bohrern, sodass Sie einfach jeweils „bis zum Anschlag" ins Holz bohren können. Dass dünnere Bohrer meist etwas kürzer sind als die dickeren Exemplare, macht nichts, denn die engeren Nistgänge für die kleineren Bienenarten dürfen ruhig etwas kürzer sein als die weiteren Löcher für die größeren Bienenarten. Falls Sie spezielle lange Bohrer verwenden, können Sie sich die gewünschte Bohrtiefe mit einem Klebeband am Bohrer markieren. Das vermeidet unbeabsichtigte Durchbrüche auf der Rückseite des Holzblocks.

> Arbeiten Sie, wenn irgend möglich, mit zwei Bohrmaschinen, die Sie mit unterschiedlich dicken Bohrern bestücken. Hartholz setzt dem Bohrer so viel Widerstand entgegen, dass es nicht nur für Ihre Muskelkraft eine Herausforderung darstellt, sondern den Bohrer auch sehr rasch sehr heiß werden lässt. So heiß, dass das Holz an den Innenwänden der Bohrgänge versengt werden kann. Solche Löcher werden von den Bienen kaum mehr angenommen. Wer möchte schon gern ein angekokeltes Kinderzimmer? Bei zwei Bohrmaschinen können Sie immer im Wechsel arbeiten: mit einer bohren, während die andere wieder abkühlt. Und lassen Sie die Maschinen tunlichst nicht mit der höchsten Drehzahl laufen. Auch dadurch können Sie vermeiden, dass die Bohrer zum Glühen kommen.

> Wenn alle Löcher gebohrt sind, muss die Holzoberfläche glattgeschliffen werden, um abstehende Holzfasern am Locheingang zu entfernen. Am besten funktioniert das mit einem Schwingschleifer oder einer anderen Schleifmaschine und mit feinkörnigem Schleifpapier. Hartnäckigen Holzfasern am Locheingang können Sie mithilfe einer kleinen Rundfeile oder auch einem zu einem Röllchen geformten Sandpapier zu Leibe rücken.

> Drehen Sie das Holzstück zuletzt um und klopfen Sie das Bohrmehl kräftig aus den Löchern heraus. Eine alternative und vor allem bei größeren Werkstücken praktische Methode ist das Absaugen mittels Staubsaugerrohr. Allerletzte Krümel holen Sie mit einem Pfeifenputzer, einem Mini-Flaschenbürstchen oder einem Düsenbürstchen aus den Bohrungen heraus.

WAS SIE BRAUCHEN

- Holzblock der gewünschten Größe, mindestens 12 cm dick
- Bohrmaschine (am besten sogar zwei)
- Bohrständer, falls vorhanden
- Neue, noch scharfe Holzbohrer in 2–9 mm Dicke
- Schleifmaschine (z. B. Schwingschleifer, Bandschleifer)
- Schmirgelpapier
- Pfeifenreiniger, Düsenbürstchen oder lange Schraube zum Reinigen der Bohrlöcher
- Eventuell Material für ein Dach (Platte aus Plexiglas, Aluminiumblech, Dachschindel o. Ä.)
- Eventuell Ösen und Haken zum Aufhängen

Links das natürliche Vorbild: die Bohrlöcher von Holzkäfern, wie sie in alten Baumstämmen häufig zu finden sind. Rechts die menschengemachte Alternative, die von den Wildbienen in Ermangelung alter Bäume gerne angenommen wird.

Wer zieht hier ein?

Durch unterschiedlich große Bohrlöcher können Sie mit Ihrer Hartholz-Nisthilfe die verschiedensten Wildbienenarten unterstützen. Während manche Bienenarten durchaus gerne großzügig geräumige Kinderzimmer für ihren Nachwuchs auswählen, suchen sich andere genau die ihrer eigenen Kopfgröße entsprechenden Löcher als Nistgänge aus. Immer nach dem Motto: Wo der Kopf durchpasst, passt der Rest auch.

In engeren Bohrlöchern (2–5 mm Durchmesser) nisten unter anderem die Gewöhnliche Maskenbiene (*Hylaeus communis*), die Gewöhnliche Löcherbiene (*Heriades truncorum*) oder die Hahnenfuß-Scherenbiene (*Chelostoma florisomne*), die typischerweise in den noch weichen Mörtel ihres Nestverschlusses kleine Steinchen einsetzt.

Die größeren Bohrlöcher (6–9 mm Durchmesser) werden hingegen gerne von der Stahlblauen Mauerbiene (*Osmia caerulescens*), der Rostroten Mauerbiene (*Osmia bicornis*) und der Gehörnten Mauerbiene (*Osmia cornuta*) als Kinderstuben genutzt, aber auch zum Beispiel von der Garten-Blattschneiderbiene (*Megachile willughbiella*) oder der Rostfarbenen Blattschneiderbiene (*Megachile centuncularis*).

SCHRITT FÜR SCHRITT

1 ZUERST BOHREN, …

→ Die erste (und anstrengendste) Arbeit besteht darin, den Hartholzblock mit Bohrlöchern zu versehen, die vorzugsweise unterschiedliche Durchmesser haben sollten. Mit Lochweiten von 2–9 mm locken Sie ganz verschiedene Wildbienenarten an. Lassen Sie dabei aber am besten die engeren Löcher mit nur 3–6 mm Durchmesser überwiegen, denn solch schmale Hohlräume sind sowohl in der Natur als auch bei den übrigen künstlichen Nisthilfen eher Mangelware. Worauf Sie beim Lochbohren achten müssen, lesen Sie ab Seite 33. Sollen es sehr viele Löcher werden, stellt übrigens die Verwendung eines Bohrständers eine große Arbeitserleichterung dar.

2 … DANN SCHLEIFEN …

→ Weil auch der beste Bohrer keine wirklich sauberen Locheingänge hinterlässt, müssen Sie die Oberfläche des Holzblocks nach dem Bohren der Löcher sauber abschleifen, am einfachsten mit einem Schwingschleifer oder einer ähnlichen elektrischen Schleifmaschine. Bei kleinen Werkstücken eignet sich auch feines Sandpapier, das man um ein Holzklötzchen legt, zum Abschleifen der Oberfläche. Das Innere der Locheingänge glätten Sie am besten mit einem Stück Schmirgelpapier, das Sie zu einem Röllchen formen. Eine entsprechend dünne und feine Rundfeile lässt sich natürlich ebenso verwenden.

ZEITAUFWAND
Abhängig von der Größe des Holzblocks und der Anzahl Bohrlöcher dauert dieses Projekt 2–4 Stunden.

3 ... UND AUSPUTZEN, ...

→ Um den Bienen ihre gute Stube „besenrein“ übergeben zu können, drehen Sie den Holzblock einfach um und klopfen die Bohrspäne und das Holzmehl mit kräftigen Schlägen aus den Löchern heraus. Oder Sie saugen sie mit dem Staubsaugerrohr heraus. Letzte Krümel entfernen Sie sorgfältig mithilfe winziger Bürstchen. Je nach dem Durchmesser des Bohrlochs eignen sich zum Beispiel Pfeifenreiniger prima dazu, ebenso kleine Düsenbürstchen, wie man sie für die Paintbrush-Malerei benötigt, oder auch ganz dünne Flaschenbürsten.

4 ... ZULETZT AUFSTELLEN

→ Zu guter Letzt stellen Sie die fertige Nisthilfe an einem sonnigen Platz auf oder hängen sie an eine Wand oder einen Zaun, in jedem Fall aber so, dass die Bohrlöcher einen waagerechten Verlauf haben. Sofern die Nisthilfe nicht ohnehin unter einem überstehenden Dach angebracht wird, sollten Sie ihr ein eigenes Regenschutzdach gönnen, vorzugsweise ein durchsichtiges, etwa aus Plexiglas. Damit werden die ganz oben befindlichen Brutröhren nicht in dauerhaften Schatten getaucht.

NOCH MEHR LÖCHER

Eine halbe Sache

Ein Stück Baumstamm, mit Axt oder Säge längs halbiert und mindestens 1–2 Jahre abgelagert und getrocknet, ergibt eine Holznisthilfe, die sich wunderbar an einer Wand aufhängen lässt. Auch ein Stammviertel fügt sich gut in einen Winkel ein. Damit die Bienen die Bohrlöcher gut erkennen können, sollte das Stammstück entrindet sein – ausgenommen vielleicht, wenn es sich um den Stamm einer Rotbuche handelt, die eine sehr glatte Rinde hat. Achten Sie darauf, dass sich die Bohrgänge im Holzinneren nicht überkreuzen.

Dünnbrettbohren

Bestens geeignet zum Nisthilfenbau sind Dielenbretter, da für Fußböden üblicherweise sehr hartes Holz verwendet wird. Weil Dielenholz aber nur einige Zentimeter dick ist, kann man hier nicht von oben her, sondern nur von der Schmalseite her bohren. In mehreren Stücken übereinandergestapelt ergeben die angebohrten Dielenbretter aber eine prima Nisthilfe nach dem Muster von Strangfalzziegeln (siehe Seite 40). Auch als Dach für andere Nisthilfen eignen sie sich gut.

Bienenkunst

Aus einem längeren alten Balken, zum Beispiel aus einem Abbruchhaus, können Sie ein Kunstwerk erschaffen, das Bienen und Menschen gleichermaßen erfreut. Ordnen Sie dazu die (unterschiedlich weiten) Bohrlöcher einfach zu Linien und Mustern an. Keine Sorge, dass dies die Bienen verwirren könnte! Ganz im Gegenteil: Es kann ihnen das Wiederfinden ihrer eigenen Nestanlage erleichtern. Die anfliegenden Bienen prägen sich nämlich die Muster ein, die durch die dunklen Löcher rings um das eigene Nest gebildet werden – ganz ähnlich wie wir, wenn wir am Nachthimmel Sternbilder wiedererkennen. Wenn sie aber nur gleichmäßige Lochreihen vorfinden, müssen sie sich an weniger deutlichen Strukturen wie zum Beispiel der Holzmaserung orientieren.

Den fertigen Löcherpfahl stellen Sie dann als dekoratives Element im Garten auf, indem Sie ihn mit einem Bodenanker gegen Umfallen sichern. Um die obere Schnittfläche vor Regen zu schützen, setzen Sie zuletzt dem Ganzen zwar keine Krone, aber einen „Hut“ aus wasserdichtem Material auf.

STRANGFALZZIEGEL

Ziegelsteine, wie sie zum Hausbau verwendet werden, sind als Wildbienennisthilfen absolut ungeeignet, und wenn sie noch so viele Löcher enthalten. Ihre Löcher sind einfach viel zu weit, als dass irgendeine Wildbiene sie als Brutröhre in Betracht ziehen würde. Und doch gibt es Ziegel, die sich als Bienenquartier eigenen, nämlich die sogenannten Strangfalzziegel. Das sind spezielle Dachziegel aus gebranntem Ton, die von parallelen Hohlkammern durchzogen sind. Die runden oder leicht ovalen Öffnungen dieser Röhren liegen in einer Reihe nebeneinander an den Stirnseiten der Ziegelplatten.

Je nach Fabrikat hat ein Strangfalzziegel etwa zehn solcher Hohlkammern, mit einem Durchmesser von 6 oder 8 mm. Das ist für viele Wildbienenarten genau richtig. Nicht wenige alte Häuser oder Schuppen, die mit solchen Ziegeln gedeckt waren, beherbergten ganze Kolonien von Mauerbienen.

Mit derartigen Ziegeln können Sie also mit wenig Aufwand stabile, witterungsbeständige Nisthilfen fertigen. Wie es geht, sehen und lesen sie auf der nächsten Doppelseite.

Ein Stapel Strangfalzziegel, auf trockenem Untergrund im Garten ausgelegt, stellt eine prima Nisthilfe für einige größere Bienenarten dar.

Woher bekommen?

Strangfalzziegel sind als Dachziegel etwas aus der Mode gekommen. Dachdeckerbetriebe verkaufen sie zwar noch, häufig aber nur in großen, gewerblichen Gebinden, im Klartext: nur palettenweise. Lediglich der schwäbische Hersteller CREATON bietet sie derzeit auch in Kleinpackungen von sechs Ziegeln an (Online-Bestellung und Postversand möglich; Adresse siehe Seite 124).

Natürlich können Sie ebenso gut auch gebrauchte Exemplare von alten Dächern für die Nisthilfen verwenden. Es lohnt sich also, auf Flohmärkten, bei Abbruchbetrieben oder auf Handelsplattformen im Internet (zum Beispiel eBay) danach Ausschau zu halten.

WAS SIE DAZU BRAUCHEN

- Einige Strangfalzziegel
- Feuchten Lehm (ersatzweise Gips, Watte oder Polsterwolle)
- Trennschleifer (auch Winkelschleifer oder „Flex“ genannt)
- Bohrmaschine und Steinbohrer

Wohin damit?

Die Ziegelplatten sind keine Leichtgewichte, brauchen also eine solide Unterlage. Ein dünnes Regalbord oder eine Aufhängung (in einer Kiste) an der Wand sind dafür eher ungeeignet. Am einfachsten stapeln Sie die Ziegel am Boden aufeinander – die Platten sind allein schon durch ihr Gewicht gegen versehentliches Umstoßen oder Stürme aller Art gefeit.

Wenn Sie Ihren Ziegelstapel allerdings in die Wiese oder ins Blumenbeet legen möchten, sollten Sie Holzbalken oder Terrassenplatten unterlegen. Das stellt nicht nur Abstand zur Nässe des Untergrunds her und verhindert auf diese Weise, dass sich die unglasierten Tonziegel – und damit auch die Brutröhren – mit Feuchtigkeit vollsaugen. Es hebt auch die Röhreneingänge der unteren Ziegel ein wenig über das Gras des Rasens beziehungsweise die Beetbepflanzung hinaus. Sie wissen ja: Wildbienen wollen ihre Niströhren gerne ungehindert anfliegen können.

Wer zieht hier ein?

Die Gänge von Strangfalzziegeln werden vor allem von einer Reihe größerer Bienenarten als Nistkammern angenommen, unter anderem von der recht häufigen Rostroten Mauerbiene (*Osmia bicornis*), der Gehörnten Mauerbiene (*Osmia cornuta*) und der Natternkopf-Mauerbiene (*Osmia adunca*), aber auch zum Beispiel von der Garten-Blattschneiderbiene (*Megachile willughbiella*) oder der Bunten Blattschneiderbiene (*Megachile versicolor*).

SCHRITT FÜR SCHRITT

1 STRANGFALZZIEGEL AUSEINANDERSCHNEIDEN

→ Weil die Röhren für die Bienen gar nicht so lang sein müssen, wie die Ziegel groß sind, können Sie die Ziegel gerne quer halbieren, sodass jeweils zwei 20 cm lange Teilstücke entstehen. Mithilfe eines Trennschleifers ist das kein großes Kunststück. Wegen des roten Sägestaubs erledigen Sie diese Arbeit aber am besten im Freien! Wer keinen Trennschleifer hat, kann die Ziegel auch – vorsichtig und mit Gefühl! – über eine harte Kante brechen. Mit dem Halbieren der Ziegel verdoppelt sich auf jeden Fall die Zahl der nutzbaren Brutröhren für die Bienen.

2 RÖHRENEINGÄNGE GLÄTTEN

→ Bedingt durch den Produktionsprozess sind bei den Strangfalzziegeln die Öffnungen der Luftgänge meist scharfkantig oder ein wenig zusammengedrückt. Wenn Sie Ihre Ziegel nicht auseinanderschneiden, müssen Sie die Eingänge der Röhren mit einem Steinbohrer der entsprechenden Stärke aufbohren und dabei zugleich glätten. Nur so können die anfliegenden Bienen gefahrlos und bequem hineinschlüpfen.

Mit einem Trennschleifer halbierte Ziegel haben an der Schnittfläche automatisch saubere Kanten, die Sie zu Einflugöffnungen deklarieren können. Damit kann man sich das Aufbohren ersparen.

ZEITAUFWAND
Abhängig von der Anzahl der Strangfalzziegel etwa 1–2 Stunden.

3 RÖHREN EINSEITIG VERSCHLIESSEN

→ Weil die Hohlröhren der Strangfalzziegel ja vorn und hinten offen sind, besteht der nächste Schritt darin, sie von einer Seite zu verschließen. Sie erinnern sich: Wildbienen mögen kein „Licht am Ende des Tunnels". Am schnellsten und einfachsten geht das Verschließen mit feuchtem, weichem Lehm, den man in die Öffnungen spachtelt, ersatzweise mit einer angerührten Gipsmasse. Sollten Sie weder das eine noch das andere zur Hand haben, können Sie die Löcher auch einzeln verschließen, indem Sie einen dichten Pfropfen aus Watte oder Polsterwolle hineinstopfen.

4 IM GARTEN AUSLEGEN

→ Um die soliden Reihenhäuser schließlich den Wildbienen anzubieten, können Sie die Ziegel einfach übereinanderstapeln oder hochkant wie Bücher aufstellen und aneinanderlehnen. Hauptsache, die Brutröhren sind waagerecht ausgerichtet. Ob Sie die Ziegel ordentlich in eine Kiste packen oder „unverpackt" in ein Regal eines großen Insektenhotels, auf eine niedrige Mauer oder auf eine trockene Bodenfläche legen, bleibt ganz Ihnen überlassen.

NISTZIEGEL TÖPFERN

Für diejenigen unter Ihnen, die gerne mit Ton modellieren, gibt es eine weitere, sehr gute Möglichkeit, Nisthilfen für diejenigen unserer Wildbienen zu erstellen, die in vorgefundenen Hohlräumen nisten. Ob man dabei einen einfachen, aber funktionellen Tonquader mit zahlreichen Nistgängen fertigt oder seine Kreativität auslebt und hübsche Figuren modelliert, die die Löcher dekorativ in sich aufnehmen, ist den Bienen herzlich egal. Sie legen auf ganz andere Dinge wert: Unterschiedlich weit sollten die Nistgänge sein, damit verschiedene Arten davon profitieren können, außerdem glattwandig, von hinten geschlossen und allermindestens 7 cm, besser 10 cm lang. Für den Geschmack der Bienen dürften die Gänge sogar gerne noch länger sein, doch dann würde Ihr Werkstück nicht nur zu schwer, sondern wäre vor allem auch schwierig zu trocknen und zu brennen.

WAS SIE BRAUCHEN

- Töpferton mit Schamottanteil (lassen Sie sich von einem Fachhändler oder erfahrenen Keramiker am besten beraten über die geeignete Qualität)
- Schneidedraht bzw. -schnur oder großes, stabiles Messer
- Runde, glatte Stifte mit Durchmessern von 2–10 cm zum Hineindrücken der Löcher (z. B. lange Nägel, Stricknadeln, Buntstifte, Schraubendreher, ...)
- Brennofen oder eine Gelegenheit, das Werkstück woanders brennen zu lassen

Ton hat viele Vorteile

Gebrannter Ton ist hart. So hart, dass selbst ein schlagkräftiger Spechtschnabel keine Chance hat. Bei der richtigen Temperatur gebrannt, bleibt er offenporig, das heißt atmungsaktiv. Das ist wichtig, damit die von der Biene zusammen mit dem Larvenproviant eingetragene Feuchtigkeit in den Brutzellen nicht zu einer Verpilzung führt. Ein nicht gebrannter Ton übrigens zieht bei längeren Schlechtwetterperioden Feuchtigkeit aus der Luft und führt daher ebenfalls zur Verpilzung der Bienenbrut.

AUF DAUER GUT

Zugegeben, die Herstellung einer Nisthilfe aus gebranntem Ton kostet ein wenig Zeit, aber dafür ist das Ergebnis auch nahezu unverwüstlich, denn das Material verrottet weder, noch verwittert es. Lediglich auf einen harten Steinboden sollten Sie Ihr Werkstück nicht fallen lassen, denn wie alle Tonwaren kann es natürlich zerbrechen. Alle paar Jahre gereinigt (siehe Seite 78), kann so eine getöpferte Nisthilfe jahrzehntelang immer wieder neue Bienenbrut beherbergen. Und zwar richtig viel Bienenbrut! Geht man bei den relativ kurzen Niströhren von einer durchschnittlichen Zahl von vier Brutzellen pro Röhre aus, wären dies bei nur 50 Löchern, die Sie in den Ton gestochen haben, im besten Fall schon 200 junge Bienen, die daraus jedes Jahr schlüpfen.

Egal, ob Sie einfache Nist„steine" oder kleine Kunstwerke aus Ton gestalten – getöpferte und gebrannte Nisthilfen können mit ihren Löchern den Wildbienen viele Jahre lang als Kinderstube für den Nachwuchs dienen.

Ein „brennendes Problem"

Die aus dem Ton fertig geformte Nisthilfe muss unbedingt noch gebrannt werden, damit sie witterungsbeständig wird. Moderne Modelliermassen, die man nicht zu brennen braucht, sondern nur trocknen lässt, eignen sich schon aufgrund ihrer chemischen Zusatzstoffe nicht als Bienenkinderstuben. Wer selbst keinen Brennofen besitzt – und wer hat den schon? – fragt am besten in einer Töpferwerkstatt nach, ob er seine Nisthilfe gegen einen gewissen Obolus dort brennen lassen kann. Auch manche Schulen oder Volkshochschulen verfügen in ihren Werkräumen über einen Brennofen und zeigen sich gegenüber Bienenhilfsprojekten aufgeschlossen.

SCHRITT FÜR SCHRITT

1 GRUNDFORM ZURECHTSCHNEIDEN

→ Gebrauchsfertigen Töpferton gibt es in etwa ziegelsteingroßen Blöcken zu kaufen. Schneiden Sie einen solchen Block zu kleineren Stücken auseinander, mit denen sich leichter hantieren lässt. Am besten geht das Schneiden mithilfe eines Stückes Draht oder einer Angel- oder Drachenschnur, an deren Enden Sie kurze Hölzchen oder Vorhangringe binden und die Sie wie eine Säge mit Hin- und Herbewegen und etwas Druck von oben durch den Tonblock führen. Die Kanten lassen sich danach mit nassen Händen leicht abrunden. Als hübsche Variante können Sie auch einfache Formen wie Blumen oder Häuschen ausschneiden, Hauptsache, die Stücke sind mindestens 8 cm dick.

2 LÖCHER HINEINDRÜCKEN

→ Drücken Sie nun senkrecht von oben Löcher in den Ton, und zwar mit Durchmessern von 2–10 mm. Als „Werkzeuge“ eignen sich dafür zum Beispiel unterschiedlich dicke Stricknadeln, lange Nägel, runde Buntstifte, Schraubendreher und Ähnliches. Achten Sie aber darauf, dass Sie Ihr Tonstück nicht vollständig durchstoßen, sondern dass in jedem Nistgang eine mindestens 5 mm dicke Rückwand bestehen bleibt. Und lassen Sie Ihre „Lochwerkzeuge“ im Ton stecken, bis Sie alle Löcher gebohrt haben. Sonst besteht die Gefahr, dass sich die Löcher verformen, wenn daneben ein weiteres gebohrt wird, oder gar wieder „zufließen“. Nach 1–2 Tagen Trocknungszeit können Sie die Stifte dann gefahrlos herausziehen.

ZEITAUFWAND
Je nachdem, wie routiniert Sie im Umgang mit Ton sind und wie viele Nistgänge Sie Ihrem Niststein geben, etwa 3–4 Stunden – die Trocknungszeit und das Brennen nicht mitgerechnet.

3 TROCKNEN LASSEN UND BRENNEN

→ Die Zeit, die Ihr Rohling zum Trocknen benötigt, richtet sich vor allem nach dessen Größe und Dicke. Im Grunde kann er gar nicht zu lange trocknen, wohl aber zu wenig lang. Pro Zentimeter Wandstärke – was bei einer Wildbienennisthilfe dem Abstand zwischen den einzelnen Löchern entspricht – sollten Sie ihm mindestens eine Woche Trockenzeit gönnen. Ein nicht vollständig trockenes Werkstück bekommt beim Brennen sehr leicht Sprünge. Achten Sie auf Luftzufuhr von allen Seiten (auch von unten, daher am besten auf ein Gitter legen!) und eine möglichst langsame Trocknung, also nicht in der Sonne und nicht im Backofen, sondern lediglich in einem warmen Raum.

Zu guter Letzt müssen Sie Ihren getrockneten Rohling noch brennen (lassen), um ihn witterungsbeständig zu machen. Normalerweise sind bei Tonwaren Brenntemperaturen von über 1000 °C üblich, doch dadurch würde der Ton „verglasen" und wasserundurchlässig werden. Damit die Tonporen noch Wasserdampf hindurchlassen und atmungsaktiv bleiben, darf die Nisthilfe nur bei weniger als 1000 °C gebrannt werden. (Die genaue Temperatur ist von der verwendeten Tonqualität abhängig.) Den gebrannten Nistziegel stellen Sie dann – wie immer an einer besonnten Stelle und möglichst regengeschützt – im Garten oder auf Terrasse oder Balkon auf.

WILDBIENEN, DIE IN VORHANDENEN HOHLRÄUMEN NISTEN

Alle bis hierher vorgestellten Nisthilfen werden nur von solchen Wildbienen angenommen, die ihre Brutzellen in fertig vorgefundenen Hohlräumen anlegen. Manche dieser Arten graben überhaupt nicht selber, andere sind eher Opportunisten und nagen oder buddeln auch mal selber, wenn keine passenden Hohlräume zu finden sind. Welchen Durchmesser die Löcher für eine bestimmte Bienenart mindestens haben müssen, hängt von der Größe des Bienenweibchens ab. Als Zollstock für das richtige Maß dient dabei häufig der Kopf der Bienendame: Wo der hindurchpasst, lässt sich der Rest auch durchzwängen.

In der Natur können solche Hohlräume Gesteinsritzen oder Erdlöcher ebenso sein wie zum Beispiel Bohrgänge von Käfern oder Holzwespen, sogar alte, frei gewordene Nistgänge anderer Wildbienen. Bei herrschender Knappheit an Nistmöglichkeiten werden bisweilen sogar bereits in Arbeit befindliche Niströhren anderer Bienendamen rigoros wieder ausgeräumt – ein guter Grund, im Garten lieber zu viele als zu wenige Nisthilfen anzubieten, um eine Wohnungsnot in der Bienenwelt zu vermeiden.

Die auf dieser Seite vorgestellten, weit verbreiteten und häufigen Wildbienen stehen stellvertretend für die Arten, die sich gemeinhin an „klassischen" Wildbienenhotels aus Bambus und Co. einfinden.

Rostrote Mauerbiene

WISSENSCHAFTLICHER NAME → *Osmia bicornis*
KENNZEICHEN → 8–13 mm groß. Auffallend orangebraun bepelzt, Weibchen mit gelbbrauner Bauchbürste, beim Männchen Pelz an Kopf und Brust in ein weißliches Grau übergehend.
LEBENSWEISE → In der Wahl ihres Brutplatzes sehr flexibel, von Insektenhotels über Reetdächer und Mauerritzen bis hin zu Hohlräumen wie Türschloss oder Gartenschlauch; feuchte Erde oder Lehm als Baumaterial für Brutzellen.
Sammelt Pollen an vielen verschiedenen Pflanzen.
FLUGZEIT → Ende März bis Juni, sehr häufig.

Gewöhnliche Löcherbiene

WISSENSCHAFTLICHER NAME → *Heriades truncorum*
KENNZEICHEN → Nur 6–7 mm groß. Schwarz, spärlich behaart, mit dünnen, hellen Querstreifen am Hinterleib, Weibchen mit gelber Bauchbürste.
LEBENSWEISE → Nistet in vorhandenen Höhlungen in Holz oder Pflanzenstängeln, auch in Nisthilfen mit engen Löchern (3–3,5 mm Durchmesser), benutzt Baumharz für die Trennwände der Brutzellen und den Nestverschluss.
Besucht zum Pollensammeln ausschließlich Korbblütler.
FLUGZEIT → Mitte Juni bis Mitte September, bei warmer Witterung auch bis Ende September.

Bunte Blattschneiderbiene

WISSENSCHAFTLICHER NAME → *Megachile versicolor*
KENNZEICHEN → 11–12 mm groß. Überwiegend dunkelbraun, Bauchbürste des Weibchens orangefarben, Hinterleibsspitze schwarz.
LEBENSWEISE → Nistet in vorgefundenen Hohlräumen, etwa in Nisthilfen mit Lochdurchmessern von 5–7 mm; kleidet die Brutzellen mit ausgeschnittenen Blattstücken aus, Trennwände und Nestverschluss aus kreisrunden Blattstücken und/oder zerkautem Pflanzenbrei.
Sammelt Pollen an unterschiedlichen Blumen, vor allem aber an Korb- und Schmetterlingsblütlern.
FLUGZEIT → Mai bis September.

TOTHOLZ

Totholz? Das klingt erst einmal nicht besonders einladend. Und doch: Abgestorbenes Holz steckt voller Leben – unter anderem auch Bienenleben. Einige spezialisierte Arten unter den Wildbienen nagen ihre Brutgänge nämlich ausgerechnet in dieses für Menschenaugen nicht besonders attraktive Holz.

Wie tot ist richtig tot?

Wie die meisten Wildbienen haben auch diejenigen Arten, die in Totholz nisten, eine recht konkrete Vorstellung davon, wie das Quartier für ihren Nachwuchs beschaffen sein soll: Abgestorben soll das Holz sein, schon klar, aber auch noch nicht völlig morsch. Eine gewisse noch vorhandene Festigkeit wird eindeutig bevorzugt. Ist der Verwitterungsprozess zu weit fortgeschritten und hat das Holz bereits eine fast pulverige Konsistenz erreicht oder ist modrig-feucht, ist es für sichere Brutgänge nicht mehr stabil genug. Und vor allem Laubholz sollte es sein. Von Nadelholz halten Wildbienen nicht besonders viel. Besonders gefragt sind Stämme und Äste von Eichen, Eschen, Ahorn, Buchen, Weiden, Pappeln, Kastanien – und Obstbäumen.

WAS SIE BRAUCHEN

- Morsche, aber noch feste Totholzstücke von Laubbäumen, mindestens 20 cm dick und 50 cm lang
- Eventuell eine Säge zum Zerkleinern (Ketten- oder Handsäge)
- Je nach Größe der Holzstücke Transportkarre oder Helfer
- Gegebenenfalls Befestigungsmaterial (Schrauben und Dübel, Haken und Ösen, Schnur oder Draht)

Totholz im Garten anbieten

Sie haben im Garten von einem Baum dickere Äste abgesägt? Überwinden Sie Ihre Ordnungsliebe und lassen Sie das Holz einfach in einer abgelegenen (aber sonnigen oder zumindest nur halbschattigen) Gartenecke liegen. Mit den Jahren wird es ganz von alleine „reif“ für die Besiedelung durch Wildbienen. Falls es schon beim Abschneiden abgestorben und leicht morsch war, umso besser! Dann können die Wildbienen gleich im nächsten Frühjahr einziehen. Für diese Art der Nisthilfe ist der Zeitaufwand für die Bereitstellung also beinahe gleich Null.

Weil die von den Bienen ins Totholz genagten Gänge ziemlich lang sein können – es wurden schon über 30 cm gemessen – sollen die Holzstücke nicht zu klein ausfallen. Ein größeres Stammstück können Sie auch gut senkrecht an eine Hauswand oder andere Mauer lehnen. Das kann sogar durchaus malerisch aussehen. Einen großen und entsprechend schweren Stamm sollten Sie aber unbedingt durch eine stabile Befestigung gegen Umfallen sichern.

Wer zieht hier ein?

In dem morschen Holz legt zum Beispiel die auffallend große Blauschwarze Holzbiene (*Xylocopa violacea*) ihre Brutröhren an. In Waldnähe kann sich zudem die Wald-Pelzbiene (*Anthophora furcata*) darin einnisten. Auch einige Arten der Blattschneiderbienen nagen Gänge in das Totholz, so zum Beispiel die Schwarzbäuchige Blattschneiderbiene (*Megachile nigriventris*) oder die Garten-Blattschneiderbiene (*Megachile willughbiella*).

NICHT NUR FÜR WILDBIENEN

Totholz dient nicht nur verschiedenen Bienenarten, sondern auch unzähligen anderen Lebewesen als Lebensraum, Pilzen und Pflanzen ebenso wie Käfern und anderen Kleintieren. In einem Naturgarten, der diesen Namen verdient, sollte es daher auf keinen Fall fehlen.

Kleines Bild: Eine Blauschwarze Holzbiene im Anflug an ihr Nest.

Baumveteranen im Obstgarten sollten stehen bleiben und ihre abgestorbenen Äste behalten dürfen. Das tote Holz bietet (nicht nur) Wildbienen wertvolle Nistmöglichkeiten.

VARIATIONEN IN HOLZ

Morscher Wandschmuck

Ein Stück Totholz, das Sie bei einem Waldspaziergang gefunden haben, kann einen höchst interessanten Wandschmuck darstellen – und zugleich Bienenarten, die im Totholz nisten, einen willkommenen Lebensraum bieten. Da morsches Holz nicht so stabil ist wie frisches, empfiehlt es sich, ein derartiges Aststück nicht nur an einem einzigen Aufhänger zu befestigen, sondern mindestens an zwei Punkten. Eine sonnige Schuppenwand mit überstehendem Dach ist ideal dafür.

Abgesägt, aber wertvoll

Auch Obstbäume leben nicht ewig. Wenn Sie eines Tages in Ihrem Garten einen altersschwach gewordenen Obstbaum fällen müssen, haben Sie die beste und einfachste Gelegenheit, etwas für die Wildbienen zu tun: Sägen Sie den Baumstamm nicht wie üblich knapp über dem Boden ab, sondern in 1–2 m Höhe, und zwar mit einer leicht schrägen Schnittführung. Dann befestigen Sie noch ein Dach auf der Schnittstelle als Schutz gegen eindringende Nässe, sei es ein Holzbrett, ein Dachziegel oder eine Plexiglasplatte. Fertig! Mit den Jahren werden Wildbienen (und andere Insekten) dem toten Holz des Stammes ein neues Innenleben verleihen.

Ein „Käferbeet" für Bienen

Die Idee eines „Käferbeetes" stammt ursprünglich aus dem garten- und zugleich naturschutzbegeisterten England: Totholz auslegen für die vielfältige Tierwelt, die sich in diesen Strukturen entwickelt. (Allein über 1000 Käferarten sind auf Totholz angewiesen – daher der Name dieses Projekts.) Tragen Sie dazu mehrere alte, jahrelang abgelagerte Stammstücke oder dickere Äste verschiedener Laubbäume zusammen. Wählen Sie eine sonnige bis halbschattige Ecke des Gartens aus, wo Sie das Holz „kreuz und quer" ablegen. Am besten graben sie das eine oder andere Stück auch senkrecht stehend in den Boden. Einige Holzteile legen Sie wie zufällig schräg übereinander.

Ergänzen lässt sich das „Käferbeet" prima auch mit anderen Nisthilfen, sei es ein Stapel Strangfalzziegel (siehe Seite 40), seien es markhaltige Pflanzenstängel (siehe Seite 56) oder ausgelegte Schneckenhäuser (siehe Seite 70). Sofern Sie das Totholz nicht in die Wiese legen, sondern auf eine Sandfläche, kommen auch die im Boden nistenden Bienenarten nicht zu kurz.

MARKHALTIGE PFLANZENSTÄNGEL

Etliche Wildbienenarten, die in Pflanzenstängeln nisten, halten nicht nach hohlen Stängeln Ausschau, sondern nagen sich in dürren Pflanzenstängeln ihre Brutröhren kurzerhand selber. Weil das Aushöhlen eines Stängels für eine kleine Biene eine Heidenarbeit ist, suchen sich diese Arten gezielt Stängel dafür aus, die innen mit Mark gefüllt sind. Pflanzenmark ist deutlich weicher als Holz, denn es besteht aus abgestorbenen und mit Luft gefüllten Zellen.

Die meisten in Markstängeln nistenden Wildbienen brauchen jedoch einen offenen Zugang zum Mark, das heißt, sie suchen nach Stängeln mit Bruchstellen, an denen das Mark freiliegt. Lediglich die Dreizahn-Mauerbiene (*Osmia tridentata*) bringt es fertig, aus eigener Kraft ein Loch in die oft harten Stängelwände zu nagen und sich damit selber Zugang zum Mark zu verschaffen.

WAS SIE BRAUCHEN

- Eine beliebige Anzahl an trockenen, markhaltigen Stängeln
- Bei stachligen Pflanzen Arbeitshandschuhe
- Eine scharfe Gartenschere
- Ein Pflanzgefäß mit stabilem Stand, ersatzweise einen Eimer
- Lehm oder eine Sand-Lehm-Mischung

Unter anderem haben folgende weit verbreitete Pflanzen Stängel und Triebe, die mit Mark gefüllt sind:

- Brombeeren (*Rubus*-Arten)
- Himbeere (*Rubus idaeus*)
- Königskerzen (*Verbascum*-Arten)
- Hundsrose (auch oft Heckenrose genannt, *Rosa canina*)
- Beifuß (*Artemisia*-Arten)
- Disteln (*Cirsium*- und *Carduus*-Arten)
- Kletten (*Arctium*-Arten)
- Sonnenblume (*Helianthus annuus*)
- Sommerflieder (auch Schmetterlingsflieder genannt, *Buddleja davidii*)
- Weinreben (*Vitis vinifera*)
- Schwarzer Holunder (*Sambucus niger*)

Dabei kommen aber nicht alle diese Pflanzenarten bei den Bienen gleich gut an. Bei einem Vergleich finden sich die mit Abstand meisten Bienenarten in Brombeertrieben, am wenigsten in Holunderstängeln.

Senkrecht statt waagerecht

Anders als die in Bambus- und Schilfhalmen nistenden Wildbienenarten, die nach waagerechten Hohlräumen suchen und nach dem Motto vorgehen: „Je mehr, desto besser!“, stehen die Marknister unter den Bienen auf vertikale Einzelstängel. Ihre

Während andere Bienenarten Bruch- oder Schnittstellen benötigen, um in das weiche Innere eines markhaltigen Stängels zu gelangen, schafft es die Dreizahn-Mauerbiene, sich einen Zugang durch die oft harte Stängelwand zu nagen.

Instinkte sagen ihnen, im Flug stets nach senkrechten, einzeln stehenden Strukturen Ausschau zu halten. Haben sie eine solche entdeckt, fliegen sie darauf zu und inspizieren sie auf ihre Tauglichkeit als Kinderstube für ihre Larven.

Wenn man also diese Anforderungen berücksichtigt, ist es ein Leichtes, den marknistenden Bienenarten eine künstliche Nisthilfe (oder auch mehrere!) zur Verfügung zu stellen.

Wer zieht hier ein?

Typische Arten, die in markhaltigen Stängeln nisten, sind unter anderem die Dreizahn-Mauerbiene (*Osmia tridentata*), die Mauerbienen-Art *Osmia leucomelana*, die Gewöhnliche oder Blaue Keulhornbiene (*Ceratina cyanea*) und die Schwarzglänzende Keulhornbiene (*Ceratina cucurbitina*), die kleine Gewöhnliche Maskenbiene (*Hylaeus communis*) und die Gelbspornige Stängelbiene (*Hoplitis claviventris*), die durch ihren weißen Bauch auffällt.

SCHRITT FÜR SCHRITT

1 MARKHALTIGE PFLANZENSTÄNGEL SAMMELN

→ Der erste Schritt zu einer Stängel-Nisthilfe besteht darin, im Herbst beim Spazierengehen oder bei der Gartenarbeit Pflanzenstängel zu sammeln. Welche Pflanzen geeignete Stängel haben, finden Sie auf Seite 54. Schneiden Sie Blätter, Seitentriebe und Fruchtstände von den Stängeln ab, sodass möglichst gerade Stängel übrig bleiben. Sofern Sie Brombeeren, Himbeeren oder Heckenrosen im Garten haben, fällt Ihnen beim herbstlichen Rückschnitt geeignetes Material gewissermaßen automatisch in den Schoß. Über den Winter lassen Sie dann die Stängel im Keller oder in der Garage noch vollends trocknen.

2 AUF DIE RICHTIGE LÄNGE SCHNEIDEN

→ Im nächsten Frühjahr schneiden Sie die mittlerweile gut getrockneten Stängel mit einer scharfen Gartenschere in ungefähr gleich lange Stücke. Eine Stängellänge von rund 1 m hat sich dabei als recht praktisch erwiesen, aber 50 cm gehen genauso wie 1,50 m. Die beim Umherfliegen nach Nistmöglichkeiten suchenden Wildbienen sind weniger an der Länge ihres künftigen Quartiers interessiert als an einer bequemen Zugangsstelle zu dessen markgefülltem Inneren.

ZEITAUFWAND

Sind die passenden Pflanzenstängel erst einmal gesammelt und getrocknet, dauert dieses Projekt höchstens noch 30 Minuten.

3 IN SAND STECKEN

→ Die zurechtgeschnittenen Stängel stecken Sie – nicht gebündelt, sondern hübsch einzeln – in ein mit Sand oder einer Sand-Lehm-Mischung gefülltes, möglichst standfestes Gefäß. Das kann ein stylisches Designer-Pflanzgefäß ebenso gut sein wie ein einfacher Mörteleimer. Wichtig ist eine gut wasserdurchlässige Sandfüllung, denn je rascher das Substrat, in dem die Stängel stecken, nach einer Durchfeuchtung wieder abtrocknet, desto länger bleibt die Nisthilfe brauchbar. In nasser Erde würden die Stängel recht bald verrotten und dann umkippen.

4 AN SONNIGEM PLATZ AUFSTELLEN

→ Ob Sie die fertige Nisthilfe schließlich im Garten aufstellen, auf der Terrasse oder dem Balkon, bleibt ganz Ihnen überlassen. Wenn es nach den Bienen geht, verteilen Sie am besten mehrere solcher Sandtöpfe mit Niststängeln an verschiedenen sonnigen Stellen.

Übrigens: Sofern Sie ein spezielles Sandbeet im Garten haben (siehe Sandarium, Seite 102), können Sie die markhaltigen Niststängel statt in einen Topf selbstverständlich auch direkt in den Sandboden stecken.

NISTSTÄNGEL FINDEN ÜBERALL PLATZ

Am Pfahl, …

Schlagen Sie einen Pflock in den Boden ein und binden Sie die markhaltigen Pflanzenstängel für die Wildbienen senkrecht an ihm fest – ob mit Gärtnerbast, Paketschnur oder Kabelbindern, ist ziemlich egal. Auch Stäbe, die Sie ohnehin im Garten stehen haben, lassen sich dafür „missbrauchen“: die Stützstangen eines jungen Baumes, die Stäbe von Stangenbohnen, der Stab einer Rosenkugel und vieles mehr. Bei einem lockeren Boden können Sie die Pflanzenstängel auch zuerst nach Art eines Reisigbesens an einen Holzstiel binden und das Ganze danach fest in den Boden stecken.

… an der Leine …

Statt nur einem können Sie auch zwei Pfosten, seien es zwei Besenstiele, Pflanzenstützstäbe oder einfache Holzlatten, in einigem Abstand in den Grund schlagen und dazwischen zwei parallele Leinen spannen. Dazu eignet sich eine wetterfeste Wäscheleine ebenso wie zum Beispiel dünner (kunststoffummantelter und daher nicht rostender) Leitungsdraht. Anschließend binden Sie Ihre Pflanzenstängel in kleinen Abständen daran fest, sodass sie in Reih und Glied dort hängen wie Wäsche auf der Leine.

... oder am Zaun

Noch einfacher geht es, wenn Sie einen vorhandenen Zaun als Nisthilfenhalter zweckentfremden. Binden Sie eine Anzahl markhaltiger Pflanzenstängel mit einigem Abstand und jeweils einzeln an den Zaunelementen fest. Vorzugsweise so, dass die oberen Enden der Stängel ein gutes Stück über den Zaun hinausragen. Dann können die umherfliegenden und nach dünnen, senkrechten Strukturen Ausschau haltenden Bienen die Stängel leichter erkennen.

Ob Sie einen malerischen Jägerzaun, einen traditionellen Staketenzaun oder einen simplen Maschendrahtzaun mit den Stängeln bestücken, ist den Bienen übrigens herzlich egal. Aber natürlich kann an so einem Zaun, vor allem wenn er schön in der Sonne liegt, auch noch zusätzlich eine ganze Reihe anderer Wildbienennisthilfen ihren Platz finden. Und *das* ist den Wildbienen keineswegs egal ...

WILDBIENEN, DIE IHRE BRUTGÄNGE SELBER NAGEN

Eine Reihe von Wildbienen macht sich nicht auf die Suche nach bereits vorhandenen, leeren Hohlräumen, in denen sie ihre Nester anlegen können, sondern schafft sich den nötigen Platz kurzerhand selbst.

Holzbienen etwa, aber auch einige Blattschneiderbienen, die Pelzbiene *Anthophora furcata* und etliche andere Arten, beißen sich Gänge in Holz hinein. Weil Hartholz aber ihren Mundwerkzeugen gar zu viel Widerstand entgegensetzen würde, suchen sie lieber trockenes, abgestorbenes Holz dafür aus – wobei die verschiedenen Bienenarten einen unterschiedlichen Grad an Morschheit bevorzugen, von noch erstaunlich fest bis bereits sehr mürbe.

Andere Wildbienenarten wählen trockene, markhaltige Stängel oder Zweige, um deren relativ weiches Inneres für ihre Brutröhre auszuhöhlen. Die herausgebissenen Markstückchen werden dann im Flug weggetragen und irgendwo fallen gelassen. Auch wenn das Pflanzenmark eine vergleichsweise weiche Konsistenz hat, ist das doch ein mühsames Unterfangen. Immerhin können die so geschaffenen Hohlräume leicht 25–30 cm in die Tiefe des Stängels reichen, sogar über 80 cm wurden bei einem Nistgang einer Keulhornbiene schon gemessen.

Die hier vorgestellten Vertreter dieser Bienengruppen kommen nicht selten auch im Siedlungsbereich vor und lassen sich hier leicht beobachten.

Blauschwarze Holzbiene

WISSENSCHAFTLICHER NAME → *Xylocopa violacea*

KENNZEICHEN → Mit 20–30 mm so groß wie eine stattliche Hummel; der dicke Körper und vor allem die Flügel blauschwarz schillernd.

LEBENSWEISE → Tritt häufig auf Streuobstwiesen sowie in Gärten und Parkanlagen mit alten Bäumen auf; nagt ihre Brutgänge in abgestorbenes, aber noch ziemlich hartes Holz, gerne von Obstbäumen; Trennwände der Brutzellen aus abgenagten Holzspänen, die mit Speichel verklebt werden. Sammelt Pollen von verschiedensten Pflanzen.

FLUGZEIT → März bis Oktober. Männchen und Weibchen erscheinen im Spätsommer, überwintern unverpaart in Hohlräumen, Paarung im Frühling, Brutgeschäft oft bis in den Hochsommer hinein.

Schwarzbürstige Blattschneiderbiene

WISSENSCHAFTLICHER NAME → *Megachile nigriventris*
KENNZEICHEN → 12–16 mm groß. Brustabschnitt dicht fuchsrot behaart, Hinterleib vorne rotbraun behaart, hinten schwarz; schwarze Bauchbürste.
LEBENSWEISE → Tritt oft an Waldrändern auf, zunehmend auch in Dörfern und Städten; nagt ihre Nistgänge in altes Holz, das außen noch fest, innen aber bereits morsch ist. Bau der Brutzellen aus Blattstücken, die von verschiedenen Pflanzen abgeschnitten werden.
Sammelt Pollen an unterschiedlichen Pflanzen, vorwiegend aber an Schmetterlingsblütlern.
FLUGZEIT → Mitte Juni bis August.

Blaue Keulhornbiene

WISSENSCHAFTLICHER NAME → *Ceratina cyanea*
KENNZEICHEN → Nur 6–7 mm groß. Dunkel blaugrün schillernd, Männchen mit auffallendem weißem Stirnfleck.
LEBENSWEISE → Ist auf Waldlichtungen und Brachflächen zu finden, aber auch im Siedlungsbereich; nistet in dürren markhaltigen Stängeln oder Zweigen, die sie selbst ausnagt.
Sammelt Pollen von vielen unterschiedlichen Pflanzen.
FLUGZEIT → April bis Oktober. Beide Geschlechter erscheinen im Spätsommer, überwintern unverpaart in Hohlräumen in dürren Stängeln, Paarung im nächsten Frühjahr, Nistaktivitäten bis in den Hochsommer hinein.

STEILWAND AUS LEHM

Viele Wildbienen graben – oder besser gesagt: nagen – sich ihre Niströhren in senkrechte Bodenflächen und Abbruchkanten in sonniger Lage. Solche Stellen haben den Vorteil, auch bei nasser Witterung einigermaßen trocken zu bleiben, und sind überwiegend ohne Pflanzenbewuchs. Wildbienennistgänge finden sich in der Natur daher zum Beispiel in Steilwänden aus lockerem Sedimentgestein, vor allem Löss, in Uferabbrüchen von Flüssen und Seen, in aufgelassenen Sand- und Lehmgruben, Hohlwegen und Weinbergen.

In der Natur sind derartige Brutstätten heutzutage rar geworden. Schon früh haben sich etliche Wildbienenarten daher in menschlichen Siedlungen umgesehen und die mit Lehm verfugten Wände alter Fachwerkhäuser für sich entdeckt. Doch Fachwerkhäuser sind aus der Mode gekommen und die heutigen Baustile und -materialien

⊙ Ein häufiger Nutzer einer Lehmwand ist die schwärzliche Frühlings-Pelzbiene, leicht zu erkennen an ihren rostroten Schienenbürsten, die zum Pollensammeln dienen.

bieten so gut wie keine Nistmöglichkeiten mehr für wohnungssuchende Wildbienen.

Mit relativ wenig Aufwand können Sie den Steilwandnistern unter den Wildbienen in Ihrem Garten einen kleinen Ersatzlebensraum zur Verfügung stellen – durch Nisthilfen, die ihren natürlichen Nistplätzen nachempfunden sind.

Löss oder Lehm?

Keine Frage, für die Steilwandnister unter den Wildbienen stellt Löss das ideale Substrat dar. Es ist nicht zu hart zum Graben und doch stabil genug, dass die Niströhren ihre Form sicher behalten. Löss ist ein ziemlich weiches Sediment, das sich mit dem Fingernagel abschaben lässt. Zum größten Teil besteht es aus sogenanntem Schluff, einem Material, das feiner ist als feiner Sand, aber gröber als Ton. Über die Jahrtausende hat es sich im Boden so verfestigt, dass sich seine natürliche Struktur nur schwer imitieren lässt. Zwar sind Lössböden in Mitteleuropa weit verbreitet, doch leider gibt es sie nicht überall.

Wer in seiner Wohnumgebung keinen Löss zur Verfügung hat, kann ersatzweise auch auf sehr fein gemahlenen Baulehm aus dem Bio-Baustoffhandel zurückgreifen. Im Hinblick auf den Naturschutz ist es ohnehin besser, die selten und damit wertvoll gewordenen Lebensräume, die offen zutage tretende Lössflächen in der Natur darstellen, nicht durch Abgraben zu zerstören.

WAS SIE BRAUCHEN

- Blumenkasten aus Faserzement („Eternit"), frostfestes Tongefäß (Terrakotta) oder auch Holzkiste, ca. 50–60 cm lang, 15–20 cm breit und mindestens 15 cm tief
- Sehr feinen Baulehm, z. B. CLAYTEC Lehm-Oberputz fein 06
- Arbeitshandschuhe
- Handschaufel und Kelle
- Bohrmaschine und Bohrer, 5–8 mm Durchmesser
- Eventuell Platte aus Acrylglas („Plexiglas") als Überdachung

Wer zieht hier ein?

Insgesamt gibt es in Mitteleuropa ziemlich viele Wildbienenarten, die ihre Brutröhren in Steilwände graben, doch die meisten von ihnen halten sich eher an großflächige senkrechte Bodenstrukturen in der Natur. Im Kleinlebensraum Garten werden sich wohl vor allem die kleine Lamellen-Maskenbiene (*Hylaeus hyalinatus*), die Buckel-Seidenbiene (*Colletes daviesanus*), die Frühlings-Pelzbiene (*Anthophora plumipes*), die Vierfleck-Pelzbiene (*Anthophora quadrimaculata*) oder auch die Grünglanz-Schmalbiene (*Lasioglossum nitidulum*) an einer Nisthilfe einfinden, die eine Lösswand imitiert.

SCHRITT FÜR SCHRITT

1 BEHÄLTER MIT LEHM FÜLLEN

→ Rühren Sie den fein gemahlenen Baulehm, am einfachsten eine Fertigmischung von Lehm-Oberputz, nach der Anleitung auf der Packung mit Wasser zu einer matschigen Konsistenz an. Füllen Sie die Masse dann schichtweise und luftblasenfrei in einen stabilen Behälter mit senkrechten Wänden. Das kann ein Blumenkasten aus Faserzement („Eternit") ebenso sein wie ein Pflanzgefäß aus frostfester Terrakotta oder ein Kasten aus Massivholz, Hauptsache, er ist mindestens 15–20 cm tief. Streichen Sie die Oberfläche mit Kelle oder Spachtel glatt und lassen Sie das Ganze erst einmal trocknen.

2 NAGELPROBE MACHEN

→ Im getrockneten Zustand darf der Lehm keinesfalls so knochentrocken sein, dass die Biene sich daran quasi die Zähne ausbeißen würde. Die richtige Beschaffenheit hat das Substrat, wenn man es mit dem Fingernagel oberflächlich noch abschaben kann. Bei Verwendung des empfohlenen CLAYTEC Lehm-Oberputz fein 06 und dessen vorschriftsmäßiger Verarbeitung erhalten Sie automatisch die richtige Konsistenz. Sollten Sie eine eigene Mischung aus Baulehm und (unbedingt sehr feinem!) Sand verwenden wollen, probieren Sie anhand kleiner Mengen das richtige Mischungsverhältnis Lehm zu Sand unbedingt vorher aus!

ZEITAUFWAND
Für dieses Projekt benötigen Sie etwa 1 Stunde – die Trocknungszeit des Lehms nicht mitgerechnet.

3 NISTGÄNGE ANTÄUSCHEN

→ Ist der Lehm gut getrocknet, bohren Sie mit der Bohrmaschine ein paar kurze Löcher (lediglich 1–2 cm lang) von 5–8 mm Durchmesser in den Lehm. Solche Löcher ziehen grabende Wildbienenarten geradezu magisch an. Die dunklen Punkte signalisieren ihnen, dass das Gelände sich hier zum Graben eigne, da vermeintlich bereits andere Bienen hier nisten. Die Bienen untersuchen die Löcher, krabbeln hinein – und graben am Ende dann ihren eigentlichen Brutgang weiter. Da die Nistgänge der Steilwandbewohner häufig verzweigt angelegt werden, sollten die Anlockbohrungen am besten nicht viel weniger als 10 cm Abstand zueinander haben.

4 GEKIPPT AUFSTELLEN

→ Zuletzt stellen Sie den gefüllten Lehmkasten um 90 Grad gekippt auf, also so, dass der Lehm eine senkrechte Wand bildet. Er kann an einer sonnigen Hauswand oder Mauer einen Solo-Platz finden, lässt sich aber ebenso gut in ein großes Nisthilfenregal integrieren. Stapeln Sie auch ruhig mehrere solcher lehmgefüllter Kästen übereinander, denn in Bienenaugen gilt für Lehm- wie für Lösswände: Je größer, desto besser. Mit Behältern, die senkrechte Wandungen haben, funktioniert eine solche „Hochstapelei" problemlos, ihr Eigengewicht gibt ihnen Halt genug. Auch hochkant nebeneinander aufgereiht, lässt sich mit Lehmkästen eine größere Wandfläche schaffen.

SANDFLÄCHE FÜR BODENNISTER

Stehen und hängen in Ihrem Garten schon reihenweise Insektenhotels oder verschiedene kleine Nisthilfen für Wildbienen? Dann wird es höchste Zeit, auch an die „Kellerkinder" unter den Bienen zu denken. Immerhin nisten ungefähr drei Viertel aller unserer heimischen Wildbienenarten im Boden. Diese Arten lassen sich logischerweise durch noch so viele Bambusröhrchen, Schilfhalme und Löcher in Ziegeln oder Holzstücken nicht unterstützen. Sie brauchen gut zugängliche Bodenflächen, in denen sie graben können.

Boden ist nicht gleich Boden

Die Bodennister unter unseren Wildbienen lieben es locker – aber auch wieder nicht *zu* locker. Zwar schaffen es manche Sandbienen, etwa *Andrena argentata* oder *A. barbilabris*, ihre Nester tatsächlich auch in losem Sand anzulegen, indem sie geschickt mit regelrechten Schwimmbewegungen in den Boden abtauchen. Und die Blattschneiderbiene *Megachile leachella* befestigt ihre in lockeren Sand gegrabenen Tunnel kurzerhand selber, indem sie sie mit kleinen Blattstückchen auskleidet. In der Mehrzahl brauchen die Bodennister unter den Bienen aber etwas stabilere Bodenverhältnisse. Sie bevorzugen zum Beispiel Feldwege, Trampelpfade oder abgetretene Stellen im Rasen als Brutplätze. Dabei ist sandiger Lehm- oder Lössboden allemal besser als reiner Sand.

Vielleicht nicht schön, aber bienenfreundlich

Als Gartenbesitzer in einer Region mit sandigem Boden müssen Sie oftmals einfach *nichts* tun, um den Wildbienen zu möglichen Nistplätzen zu verhelfen. Dann nämlich, wenn Sie abgetretene, trockene Stellen im Rasen haben, an denen der Untergrund zum Vorschein kommt. Wenn Sie in so einem Fall eben *nicht* zur Rasenreparaturmischung greifen und Gras nachsäen, werden sich bald Wildbienen für die schütteren Bereiche interessieren. Solche Stellen entstehen häufig unterhalb einer Kinderschaukel oder beispielsweise an einem täglich begangenen Pfad zum Komposthaufen. Sie mögen vielleicht nicht Ihrer gärtnerischen Auffassung von Ästhetik entsprechen, aber den Wildbienen verschaffen solche Kahlstellen im Rasen prima Nistmöglichkeiten.

WAS SIE BRAUCHEN

- Tonschale oder Blumenkasten, mindestens 20 cm tief
- Natürlichen Sandboden oder eine selbst hergestellte Mischung aus ungewaschenem Sand und Lehm
- Etwas Kies oder einige Tonscherben als Dränageschicht

Eine Sandschale für bodennistende Bienen muss nicht langweilig aussehen. Schöne Steine und kleine Sukkulenten machen sie zu einem dekorativen Objekt auf Balkon oder Terrasse.

Auch wer anstelle eines Trampelpfades durch die Wiese doch eher einen gepflasterten Gartenweg bevorzugt, kann einen Beitrag zur Wildbienenförderung leisten. Dann nämlich, wenn er zwischen den Pflastersteinen möglichst breite Sandfugen stehen lässt. Manche Wildbienen schaffen es, auch in solchen Pflasterfugen ihre Bodennester anzulegen.

Sandfläche en miniature

Sie haben gar keinen Garten oder wollen dort auf Ihren gepflegten, grünen Rasen lieber doch nicht verzichten? Etliche Wildbienenarten begnügen sich auch mit einer Schale oder einem Blumenkasten, der mit einem sandigen Substrat gefüllt ist. So eine Miniaturfläche zum Buddeln können Sie den Wildbienen auch auf Ihrer Terrasse oder dem Balkon anbieten.

SCHRITT FÜR SCHRITT

1 SUBSTRAT ANMISCHEN, …

→ Wenn Sie keine Quelle für Löss oder sandigen Lehmboden in der Nähe haben, können Sie ein geeignetes Substrat für die kleinen Buddler unter den Wildbienen auch selbst zusammenmischen. Verwenden Sie dazu Lehm und ungewaschenen Sand zu etwa gleichen Teilen. Die Menge richtet sich natürlich nach der Größe des Gefäßes, das Sie damit füllen wollen. Ein reiner, gewaschener Sand, wie er etwa als Kinderspielsand angeboten wird, eignet sich für die allermeisten Wildbienen nicht, da ihre Brutgänge darin keine Stabilität hätten.

2 … DRÄNAGESCHICHT IN EINE SCHALE FÜLLEN, …

→ Bedecken Sie den Schalenboden als Erstes mit einer Schicht Tonscherben oder mit grobem Kies. Dies dient als Dränageschicht und sorgt dafür, dass Regen- oder Gießwasser unverzüglich nach unten abfließen kann. Sich in der Schale sammelndes Wasser würde die Bodennester der Bienen zerstören und der Brut den Garaus machen. Eine unbepflanzte Sandschale, die Sie dementsprechend nicht zu gießen brauchen, können Sie auch regengeschützt aufstellen, etwa unter einem Dachvorsprung oder auf dem Balkon. Ganz auf die Dränage verzichten würde ich auch an solchen Standorten nicht, schließlich kann Regen bei Unwettern durchaus auch mal sehr schräg auftreffen.

ZEITAUFWAND

Wenn das Material erst einmal zusammengetragen ist, dauert das Befüllen einer solchen Sandschale höchstens noch 30 Minuten.

3 … MIT SANDMISCHUNG AUFFÜLLEN UND DEKORIEREN

→ Zuletzt füllen Sie die vorbereitete Sandmischung in die Blumenschale und verteilen ein paar einzelne, größere Steine darauf. Das sieht erstens nicht so langweilig aus und dient zweitens den anfliegenden Bienen als Orientierungshilfe, um ihren Nesteingang wiederzufinden. Einige Arten graben ihre Brutröhren gerne direkt am Fuße größerer Steine. Das gewährt ihnen in der Natur einen gewissen Schutz vor Zerstörung durch Tritte.

Eigentlich wären es die Bienen ja nun schon zufrieden, für Menschenaugen sieht das Ganze allerdings deutlich ansprechender aus, wenn Sie die Schale zusätzlich mit einem oder zwei kleinen Steingartenpflänzchen bestücken. Achten Sie aber darauf, diese übers Jahr klein zu halten, sodass möglichst viel von der Sandfläche für die Bienen offen zugänglich bleibt. Am besten eignen sich für eine solche Bepflanzung langsamwüchsige und niedrig bleibende Pflanzenarten wie beispielsweise Hauswurz oder Mauerpfeffer, die an Trockenstandorte angepasst sind und daher nicht viel Gießen brauchen. Mit blühendem Scharfen Mauerpfeffer (*Sedum acre*) bieten Sie der Sandbiene *Andrena minutuloides* praktischerweise auch gleich eine von ihr bevorzugte Pollenquelle an, die verwandte Sandbiene *Andrena minutula* fliegt dagegen zum Pollensammeln gerne auf die Felsen-Fetthenne (*Sedum rupestre*).

SCHNECKENHÄUSER

Etliche unserer Wildbienenarten nutzen ausschließlich leere Schneckenhäuser als Quartier für ihren Nachwuchs. Im Grunde zählen sie also zu der Bienengruppe, die ihre Nester in vorgefundenen Hohlräumen anlegt, nur eben, dass sie nach ganz speziellen, gewundenen Hohlräumen suchen, und zwar am Boden.

Die verschiedenen Bienenarten bevorzugen dabei als Brutplatz die leeren Häuser von unterschiedlichen Schneckenarten, zum Beispiel einer Reihe von Schnirkelschnecken-Arten oder der kleineren Heideschnecken. Nur ganz wenige Bienen, darunter die Goldene Schneckenhaus-Mauerbiene (*Osmia aurulenta*), nutzen die stattlichen Häuser der großen Weinbergschnecken als Brutstätten.

Herkulesaufgaben für kleine Bienen

Zuerst gilt es für die Bienenweibchen, ein leeres Schneckenhaus passender Größe zu finden. Sodann wird es außen mit Klecksen eines grünen Pflanzenbreis beklebt. Dafür zerkaut die Biene kleine Blattstückchen zu einem Brei und streicht diesen auf ihr Schneckenhaus. Mit einem ebensolchen Pflanzen„mörtel“ bauen Schneckenhaus-Bienen übrigens die Querwände ihrer Brutzellen sowie den Verschluss des Nests. Ist jede Brutzelle mit Pollenproviant und einem Ei bestückt und das Schneckenhaus schließlich verschlossen, ist die Arbeit der Bienen immer noch nicht beendet. Liegt das Schneckenhaus mit seiner Mündung nach oben, muss es gedreht werden, bis die Öffnung nach unten gegen den Boden weist. Manche Bienenarten tarnen es noch mit einem oft erstaunlich großen Häufchen trockener Pflanzenhalme oder Kiefernnadeln, andere schieben und zerren es gar unter nahe Pflanzenblätter. Eine unglaubliche Kraftleistung, bedenkt man die Größenverhältnisse zwischen Biene und Schneckenhaus.

Ruhe erwünscht!

Überwiegend trifft man die in Schneckenhäusern nistenden Bienen auf Magerrasen oder an südwärts gerichteten Waldrändern an, jedoch auch in angrenzenden Siedlungsbereichen. Weil leere Schneckenhäuser in größerer Zahl vor allem auf ungestörten Flächen liegen, haben solche Bienen in Parks und Gärten, wo regelmäßig gemäht wird, schlechte Karten. Dabei können Sie Ihren Garten mit recht simplen Mitteln für diese Bienen nutzbar machen. Bieten Sie ihnen dort einfach geeignete „Immobilien“ an. Ganz nebenbei ergeben sich dadurch tolle Möglichkeiten, das faszinierende Nestbauverhalten zu beobachten.

WAS SIE BRAUCHEN

- Unterschiedlich große, leere Schneckenhäuser
- Blumentopf oder -schale mit sandiger Erde
- Etwas Moos und niedrige Pflänzchen

Wer zieht hier ein?

Bei uns in Mitteleuropa ist es ausschließlich eine Reihe von Mauerbienenarten, die Schneckenhäuser als Kinderstube nutzen, darunter die schon erwähnte Goldene Schneckenhaus-Mauerbiene, die mit ihrem leuchtend rostroten Pelz am Brustsegment auffällt. Auch die Zweifarbige Schneckenhaus-Mauerbiene *Osmia bicolor* trägt eine rostrote Behaarung, jedoch am Hinterleib. Ebenso zählen *O. rufohirta* sowie *O. spinulosa*, die beide eher im Süden von Deutschland verbreitet sind, zu den Schneckenhausbrütern.

Die Zweifarbige Schneckenhaus-Mauerbiene hat „ihr" Schneckenhaus mit Klecksen aus grünem Pflanzenmörtel beklebt. Nach Fertigstellung ihrer Brutzellen im Schneckenhaus-Inneren wird sie das Haus herumwuchten, bis seine Öffnung zum Boden zeigt. Das verhindert, dass es bei Regen vollläuft.

SCHRITT FÜR SCHRITT

1 SCHNECKENHÄUSER SAMMELN

→ Da man geeignete leere Schneckenhäuschen weder selber schnitzen noch töpfern kann, heißt es in diesem Fall als Erstes: suchen. Halten Sie im Garten oder beim Spazierengehen die Augen offen nach leeren Häuschen verschiedener Schneckenarten (siehe Seite 70). Wenn Sie Schnecken nicht wirklich unterscheiden können, sammeln Sie einfach unterschiedlich aussehende und unterschiedlich große Schneckenhäuser. Die Schneckenhaus-Bienen haben zwar jeweils ihre Lieblingsarten für den Kinderstubenbau, nehmen aber durchaus auch mit anderen Schneckenhäusern passender Größe vorlieb.

2 PASSENDE UMGEBUNG SCHAFFEN

→ Waschen Sie die leeren Schneckenhäuser mit klarem Wasser gründlich aus und lassen Sie sie dann trocknen. In der Zwischenzeit bereiten Sie ein passendes kleines „Mini-Biotop“ vor, sei es in einer Pflanzschale, im Balkonkasten oder in einem Stückchen Garten mit niedrigem Bewuchs. Wenn Sie Gefäße benutzen, sollten diese mit einem durchlässigen Substrat (Erde-Sand-Gemisch) und unbedingt einem Wasserabzugsloch ausgestattet sein, damit es zu keiner Vernässung kommt. Auf das Substrat noch zwei, drei Moospolster, ein paar Steine und einige niedrige, kleinblättrige Pflanzen am Rand – fertig ist die Biotopgestaltung.

ZEITAUFWAND

Abgesehen von der Zeit zum Sammeln von Schneckenhäusern dauert dieses Projekt höchstens 30 Minuten.

3 SCHNECKENHÄUSER AUSLEGEN

→ Legen Sie zuletzt die Schneckenhäuser so auf der vorbereiteten Fläche aus, dass ihre Öffnungen möglichst zur Seite weisen. Mit Ausnahme der großen und schweren Weinbergschnecken schieben und drehen sich die Bienenweibchen die von ihnen ausgewählten Schneckenhäuser zwar jeweils selbst in die gewünschte Position, aber Exemplare, die nach einem Regenguss unter Wasser stehen, findet sicher keine Biene besonders prickelnd.

Apropos drehen: Die Bienen brauchen einen gewissen Freiraum, um die (für ihre Verhältnisse riesigen) Schneckenhäuser herumwuchten zu können. Daher sollten Sie die Schneckenhäuschen nicht in ein Grasbüschel oder zwischen dichte Pflanzenstängel stecken. Für die Bewältigung ihrer Herkulesaufgabe benötigen die Bienen aber ebenso Pflanzenstrukturen, an denen sie sich mit den Mundwerkzeugen festbeißen können, während sie mit sämtlichen Beinen und aller Kraft am Schneckenhaus anschieben. Ein reiner Sand- oder Kiesuntergrund ohne Begrünung ist in diesem Fall also weniger geeignet.

Da einige Bienenarten wie die Zweifarbige Schneckenhaus-Mauerbiene (*Osmia bicolor*) nach der Fertigstellung ihres Nests das bestückte Schneckenhaus mit Hälmchen oder Baumnadeln tarnen, legen Sie am besten noch eine Handvoll Kiefernnadeln oder dünnes, kurzgeschnittenes Heu am Rand Ihrer Nisthilfe aus.

WILDBIENEN, DIE IM ODER AM BODEN NISTEN

Immerhin rund drei Viertel unserer heimischen Wildbienen verschmähen Pflanzenstängel und Holz als Quartier für ihre Kinderstuben und nisten stattdessen im Boden. Die einen bevorzugen dabei horizontale, trockene Flächen ohne oder mit nur kurzem, schütterem Bewuchs, die anderen ziehen vertikale Erdabbrüche vor. Sie alle buddeln röhrenförmige, einige Zentimeter tiefe Tunnel in den Boden, wobei sie die Erdkrümel mit ihren Mundwerkzeugen, oft auch mit Unterstützung durch die Beine, abgraben. Die lose Erde schieben sie dann portionsweise mit den Beinen nach draußen.

Eine besondere Gruppe stellen die Wildbienen dar, die ihre Brutzellen im Inneren leerer Schneckenhäuser anlegen. Genau genommen zählen sie ja zu denjenigen Wildbienen, die in vorgefundenen Hohlräumen nisten, doch weil leere Schneckenhäuser gemeinhin am Boden herumliegen, wurden sie in diesem Buch zur Gruppe der „Bodenbienen" gestellt.

Von der Vielzahl der im (oder am) Boden nistenden Wildbienen seien hier nur drei Arten vorgestellt, die besonders häufig zu beobachten und dabei leicht zu erkennen sind und die flächendeckend in ganz Deutschland vorkommen. Wo sie geeignete Lebensbedingungen vorfinden – und das schließt das Vorhandensein pollenliefernder Pflanzen mit ein –, treten sie auch in Gärten auf.

Frühlings-Pelzbiene

WISSENSCHAFTLICHER NAME → *Anthophora plumipes*

KENNZEICHEN → Mit 14–15 mm eine auffallend große Art. Männchen (Bild oben) dicht silbrig grau behaart mit weißlicher Stirn, Weibchen graubraun behaart mit hellen Hinterleibsbinden (helle Form) oder ganz schwarz (dunkle Form, Bild Seite 62), in jedem Fall aber mit rostroten Beinbürsten.

LEBENSWEISE → Gräbt ihre Nester in Steilwänden aus Löss oder Lehm, an Flussufern, Hohlwegen, in Sand- und Lehmgruben, auch in mit Lehm verfugten Mauern alter Häuser, nimmt auch künstliche Nisthilfen aus Lehm an.

Blütenbesuch an vielen verschiedenen Pflanzen.

FLUGZEIT → Ende März bis Anfang Juni, die Männchen erscheinen rund 3 Wochen vor den Weibchen.

Rotschopfige Sandbiene

WISSENSCHAFTLICHER NAME → *Andrena haemorrhoea*

KENNZEICHEN → Männchen 8–11 mm, Weibchen 10–12 mm groß. Hinterleib schwarz und weitgehend kahl, Brustabschnitt dicht pelzig behaart, beim Männchen orangebraun, beim Weibchen kräftig rotbraun; orangerote Fransen an der Hinterleibsspitze, daher oft auch Rotfransige Sandbiene genannt.

LEBENSWEISE → Gräbt ihre Nester an kahlen oder schütter bewachsenen Bodenstellen, am liebsten in Sandboden.

Sammelt Pollen in Blüten vieler verschiedener Pflanzenarten.

FLUGZEIT → Ende März bis Anfang Juni.

Goldene Schneckenhaus-Mauerbiene

WISSENSCHAFTLICHER NAME → *Osmia aurulenta*

KENNZEICHEN → 8–10 mm groß. Brust beim Weibchen leuchtend rotbraun, beim Männchen eher hellbraun behaart, Hinterleib mit rotbraunen Querbinden.

LEBENSWEISE → Auf Brachflächen und an sonnigen Waldrändern zu finden. Nistet in leeren mittelgroßen bis großen Schneckenhäusern, unter anderem von Weinbergschnecken.

Besucht Blüten von verschiedenen Pflanzenarten, vor allem Schmetterlings- und Lippenblütlern. Überwintert als voll entwickelte Biene im Schneckenhaus.

FLUGZEIT → Anfang April bis Anfang Juli, Männchen erscheinen rund 2 Wochen vor den Weibchen.

WOHIN MIT DEN NISTHILFEN?

WILDBIENEN SIND durchweg wärmeliebende Tierchen. Es liegt daher nahe, die hier beschriebenen Nisthilfen aus Stroh, Bambus, Holz oder Ziegel an einem sonnigen Ort anzubringen. Geeignete Stellen sind zum Beispiel:

- Eine sonnige Haus-, Schuppen- oder Garagenwand
- Am Zaun
- Eine Mauer
- Am Rand einer überdachten Pergola
- Das Balkongeländer.

Ungefähr nach Süden (von Südosten bis Südwesten) ausgerichtete Stellen eignen sich am besten für die Nisthilfen, ganz nach Norden weisende Plätze sind hingegen nicht nach dem Geschmack der Bienen. Wichtig ist auch, dass die Brutgänge waagerecht verlaufen (eine Ausnahme machen da nur die markhaltigen Pflanzenstängel) und dass die Bienen frei anfliegen können. Wollen Sie Ihre Nisthilfe an einem Baum anbringen, „verstecken" Sie sie nicht in dessen Krone, sondern hängen Sie sie möglichst am Stamm auf, und zwar direkt unterhalb der Baumkrone. Aber nicht frei am Ast baumeln lassen! Das schätzen die

Bienen überhaupt nicht und ignorieren auch die schönste Nisthilfe dann konsequent.

Und bis zu welcher Höhe kann so eine Wildbienennisthilfe angebracht werden? Nun, da die Bienenweibchen stets zwischen Blüten, lehmigen Bodenstellen und der Nisthilfe hin- und hereilen müssen, macht ein Insektenhotel auf einem Balkon in der 13. Etage wenig Sinn. Doch einen Balkon im ersten oder zweiten Stock erreichen die Bienchen ohne Weiteres. In Bodennähe sollte sich eine Nisthilfe zumindest knapp über der Krautschicht befinden.

Schutz vor Regen

Vorteilhaft ist es, wenn Sie Ihre Insektenhotels vor Regen geschützt anbringen. Das verlängert nicht nur die Lebenszeit der Nisthilfen, die dann viele Jahre lang verwendet werden können, während vor allem Schilfhalme, die immer wieder durchnässen, recht bald unbrauchbar werden. Ein trockener Platz schützt außerdem die Bienenbrut vor Schimmelpilzen, die sich in feuchtem Milieu besonders gut ausbreiten würden. Und nicht zuletzt gewährleistet der Wetterschutz, dass die Wildbienen selber in unbelegten Niströhren ein trockenes Fleckchen finden, wo sie bei Regenwetter unterschlüpfen können.

Hängen Sie also Ihre Nisthilfen entweder unter einen Dachüberstand oder bringen Sie ein eigenes kleines Dach darüber an. Am besten ein Dach aus durchsichtigem Kunststoff wie etwa Plexiglas, damit die unmittelbar unter dem Dach liegenden Niströhren nicht beschattet werden. So ein Regenschutz-Dächlein darf ruhig bis zu 30 cm überstehen, die Bienen finden auch so ihren Weg zu den Brutröhren.

Und im Winter?

Viele befürchten, die sich in den Nisthilfen entwickelnde Bienenbrut würde in eisigen Winterwochen erfrieren. Doch keine Sorge, der Bienennachwuchs ist kältefest. Mehr noch, er *muss* sogar den tiefen Wintertemperaturen ausgesetzt sein. Lassen Sie daher Ihre Nisthilfen unbedingt über den Winter im Freien – vor Nässe geschützt zwar, aber draußen! Würden Sie sie ins warme Haus hereinholen, würden sich die Bienen aufgrund der höheren Temperaturen vorzeitig entwickeln und schlüpfen – und sogleich wegen Nahrungsmangel zugrunde gehen. Im Freien schlüpfen sie hingegen erst dann, wenn ihnen die Außentemperaturen signalisieren, dass nun die für sie richtige Jahreszeit gekommen ist.

⊙ Auch der kleinste Balkon bietet gute Möglichkeiten, Insektenhotels anzubringen, die von den Bienen gerne angenommen werden.

NISTHILFEN PFLEGEN

VIELE GLAUBEN, es sei damit getan, eine Nisthilfe zu basteln und im Garten oder auf dem Balkon den Wildbienen zur Besiedelung anzubieten. Fertig! Es wäre aber doch wirklich schade, wenn die mit viel Liebe angefertigten Nisthilfen über die Jahre einfach verkommen würden. Sie bringen dann den Wildbienen nicht mehr den ihnen zugedachten Nutzen – und das Beobachten macht auch keinen rechten Spaß mehr. Glücklicherweise ist der Pflegeaufwand für die Nisthilfen recht gering. Doch gilt es dabei einiges zu beachten, vor allem, um nicht ungewollt Bienenbrut zu vernichten.

Hausputz muss (manchmal) sein

Viele Wildbienenarten, die vorhandene Brutröhren mehrfach benutzen, reinigen diese selber, bevor sie sie mit neuer Brut bestücken. Ausgerechnet die häufigsten Mauerbienen, die Gehörnte und die Rostrote Mauerbiene (*Osmia cornuta* und *O. bicornis*), sind jedoch ziemlich putzfaul und räumen ihre vorjährigen Nester nicht oder lediglich auf den letzten Zentimetern aus. Bisweilen schieben sie den Müll des Vorjahres kurzerhand in der Röhre nach hinten und bauen davor eine Trennwand. Das schafft zwar freien Nistraum, dieser wird aber mit jedem Jahr kleiner. Sollen Ihre Nisthilfen für diese Mauerbienenarten über mehrere Jahre hinweg nutzbar bleiben, müssen Sie sie nach jeweils 2–3 Jahren sauber machen.

> Stellen Sie die Nisthilfe im Vorfrühling, also noch bevor die jungen Bienen schlüpfen, in einen rundum geschlossenen Karton, in dessen Seitenwand Sie vorher ein oder zwei Ausflugslöcher (etwa 2 cm im Durchmesser) geschnitten haben. Wenn die Jungbienen im Frühling schlüpfen, finden sie ihren Weg ohne Weiteres aus dem Karton heraus, weil sie sich am Licht orientieren. Nach Wohnraum suchende Bienen finden aber gewöhnlich nicht von außen in den Karton hinein, weil dessen Loch zu weit ist, um in ihr Wohnraum-Suchschema zu passen. Nach einigen Monaten können Sie dann sicher sein,

Wildbienen-Brutzellen sind mit allerlei Material gefüllt, auch wenn die Bienenlarven abgestorben oder schon ausgeschlüpft sind. In diesem Mauerbienennest finden sich schmarotzende *Cacoxenus*-Larven und ihre gelben Kotschnüre, außerdem weißer Schimmelpilz sowie die von der Biene gemörtelten Trennwände.

REINIGEN ODER GLEICH AUSTAUSCHEN?

Das Ausputzen von Brutgängen lohnt sich nur bei stabilen, witterungsbeständigen Materialien wie Hartholzstücken, Bambusstängeln, Strangfalzziegeln oder Nisthilfen aus gebranntem Ton. Bei Schilfhalmen und anderen Pflanzenstängeln macht es mehr Sinn, sie nach einigen Jahren einfach auszutauschen.

Bei einer langjährigen Nisthilfe sollten die Brutröhren im Abstand von einigen Jahren gereinigt werden, um darin wieder Platz zu schaffen für neue Bienennester.

dass alle Bienen aus den Brutröhren ausgeschlüpft sind und zugleich keine neuen Nester mehr angelegt wurden.

> Jetzt können Sie die Nistgänge wahlweise mit einem Bohrer, einer langen Schraube, einem Pfeifenputzer, einem Düsenbürstchen oder einer sehr dünnen Flaschenbürste reinigen. Entfernen Sie dabei die Reste von Larvenkot, Kokons und Zellzwischenwänden sorgfältig aus jeder einzelnen der Brutröhren.

> Für dasselbe Jahr ist es dann gewöhnlich bereits zu spät, um die Nisthilfe erneut auszubringen. Doch im nächsten Frühjahr bieten Sie den Wildbienen die gesäuberte Nisthilfe wieder an.

> Wollen Sie Brutröhren reinigen, ohne die ganze Nisthilfe für eine Saison aus dem Verkehr zu

Durch Markieren mit farbigen Punkten lassen sich im folgenden Jahr diejenigen Brutröhren erkennen, hinter deren Verschlussdeckeln abgestorbene Bienenbrut liegt.

ziehen, sollten Sie die Säuberungsaktion im Herbst oder im sehr zeitigen Frühjahr durchführen, keinesfalls aber während der Wildbienenhauptsaison von März bis Juli. In dieser Zeit könnten auch bei deckellosen Röhrchen bereits einige Brutzellen in der Tiefe des Tunnels angelegt sein, die bei einer Reinigung unbeabsichtigt mit weggeputzt würden. Und natürlich reinigen Sie „bei laufendem Betrieb" der Nisthilfe keinen der Hohlräume, die einen Verschlussdeckel tragen (einzige Ausnahme: im Jahr nach einer Punktmarkierung, siehe rechte Seite). Schließlich entwickelt sich hinter diesen Deckeln normalerweise die neue Bienenbrut.

> Auf die beschriebene Weise in regelmäßigen Abständen gepflegt, lassen sich hölzerne Nistblöcke, Niststeine aus Ton und Strangfalzziegel oft jahrzehntelang verwenden.

Abgestorbene Brut erkennen

Leider gilt für alle Insektenhotels und alle Wildbienenarten, dass die Bienenlarven im Laufe ihrer Entwicklung absterben können. Dafür gibt es verschiedene Gründe: Parasiten, Verpilzung und vieles mehr. Der Verschlussdeckel der Brutröhre bleibt in diesen Fällen naturgemäß intakt, da keine schlüpfende Biene ihn aufgebissen hat. Das heißt im Klartext, man erkennt von außen nicht, ob sich dahinter eine gesunde Brut entwickelt oder ein Larvenfriedhof befindet. Je mehr Brutröhren einer Nisthilfe aber durch abgestorbene Larven blockiert sind, desto weniger freier Nistraum steht den Bienen noch zur Verfügung.

Wenn also nach einigen Jahren sehr viele Öffnungen eines Insektenhotels „gedeckelt“ sind, wird es Zeit, den freien Wohnraum für die Wildbienen wieder zu vermehren.

> Markieren Sie dazu im Herbst, wenn für dieses Jahr keine Bienen mehr ausschlüpfen werden, sämtliche noch intakten Verschlussdeckel mit einem Farbtupfer. Am besten geht das – ein Regenschutzdach vorausgesetzt – mit einfacher Wasserfarbe und einem dünnen Pinsel. Auch Bio-Lebensmittelfarbe eignet sich.

> Jungbienen, die im darauffolgenden Frühjahr schlüpfen, zerstören dabei den Deckel ihrer Brutröhre mitsamt dem Markierungspunkt. Diejenigen Brutröhren, die im Laufe des Folgejahrs von den Bienen neu belegt werden, sind unschwer daran zu erkennen, dass ihre Verschlussdeckel *keinen* Farbpunkt tragen. Im Herbst schließlich zeigen die dann übrig gebliebenen Farbpunkte, in welchen Brutröhren sich ein ganzes Jahr lang nichts getan hat. Hinter solchen Verschlussdeckeln liegt nur noch abgestorbene Brut – und *diese* Röhren sollten Sie ausräumen.

> Durchstoßen Sie zunächst mit einer Stricknadel oder einem Schaschlikspieß den Verschlussdeckel und die Trennwände der einzelnen Brutzellen (Trennwände und Deckel aus trockenem Lehm zerbröseln ganz leicht, solche aus Harz setzen dem Werkzeug etwas Widerstand entgegen) und räumen Sie dann die Trümmer samt den abgestorbenen Larven sowie Pollenreste mithilfe einer langen Schraube oder eines dünnen Reinigungsbürstchens heraus.

Der Zahn der Zeit

Auch Nisthilfen kommen in die Jahre, die einen früher, die anderen später. Schilfhalme und andere, weniger stabile Pflanzenstängel als Bambus lassen schon nach einigen Jahren zu wünschen übrig. Sie verwittern und bekommen Risse. Das öffnet Parasiten, Feuchtigkeit und Schimmelpilzen Tür und Tor, lauter „Feinde“ der Bienenlarven.

Kontrollieren Sie daher in jedem Frühjahr den Zustand Ihrer aus Pflanzenhalmen gebauten Nisthilfen und ersetzen Sie, wenn nötig, einzelne Halme. Spätestens jetzt ist von Vorteil, wenn man die Halme *nicht* am Gefäßboden festgeklebt hat. Dann lassen sie sich nämlich problemlos gegen neue austauschen.

Manchmal ist es aber auch sinnvoll, ein ganzes, marode gewordenes Bienenquartier auszutauschen. Doch Achtung: In einigen der Brutröhren leben vermutlich immer noch Bienenlarven! Um auch diesen noch eine Chance zum Schlüpfen zu geben, wenden Sie am besten den Trick mit dem Karton an, wie er im Absatz „Hausputz muss (manchmal) sein“ auf Seite 78 beschrieben ist. Spätestens im Herbst sind dann auch noch die letzten Bienen geschlüpft, und da eine Neubesiedelung im Karton praktisch ausgeschlossen war, können Sie jetzt davon ausgehen, dass die Nisthilfe tatsächlich leer ist, und sie entsorgen.

NISTHILFEN nach dem Baukastenprinzip

Nachdem Sie in den vorigen Kapiteln verschiedene Arten von Nisthilfen kennengelernt haben, möchten Sie vielleicht mehrere davon in Ihrem Garten kombinieren? Und das Ganze soll auch noch dekorativ aussehen? Kein Problem, wenn Sie Spaß am Heimwerken und ein paar Werkzeuge im Keller haben. In diesem Kapitel finden Sie kreative Möglichkeiten, die unterschiedlichen Nisthilfentypen zu richtig guten und schönen Insektenhotels zu kombinieren.

MODELL „LANDHAUS“

Ein ganzes Haus für Wildbienen! Und in jedem Stockwerk wohnen andere! Das Insektenhotel „Landhaus“ vereint die unterschiedlichsten Arten von Nisthilfen in sich: Schilfhalme für die kleineren Bienenarten, die enge Niströhren bevorzugen, Bambusröhrchen für die etwas größeren Arten, die geräumigere Brutgänge benötigen, und Lehm für diejenigen unter den Wildbienen, die sich ihre Nistgänge lieber selber in eine Steilwand nagen. Bei dem Hartholzblock in der Mitte haben Sie es selbst in der Hand, ob Sie mehr engere oder mehr weitere Nistgänge hineinbohren – oder ob Sie auf Gleichberechtigung für Klein und Groß pochen.

Natürlich können Sie die einzelnen Fächer dieses Insektenhotels auch mit anderen Füllungen bestücken, etwa Naturstrohhalme statt Schilfhalme verwenden oder ein Stück morsches Totholz anstelle des Hartholzblocks in das mittlere Fach legen. Auch bleibt es Ihnen überlassen, ob Sie das fertige Wildbienenhaus an einem sonnigen Platz aufstellen oder ob Sie es lieber an einer sonnenbeschienenen Wand aufhängen wollen.

WAS SIE BRAUCHEN

- 2 Seitenwände (Massivholz, 18 mm dick): 27,6 × 18 cm
- 3 Böden (Massivholz, 18 mm dick): 20 × 18 cm
- 1 senkrechte Zwischenwand (Massivholz, 18 mm dick): 9 × 18 cm
- 2 Dachflächen (Massivholz, 18 mm dick): 20 × 18 cm und 21,8 × 18 cm
- Sperrholz (6 mm dick) für die Rückwand: 23,5 × 38,0 cm
- Kreis- oder Stichsäge, auch ein scharfer Fuchsschwanz ist möglich
- Schrauben (3,5 × 40 mm)
- Schraubendreher oder Akkuschrauber
- Einige kurze Nägel zum Befestigen der Rückwand (Länge 20 mm)
- Umweltfreundliche Holzlasur, Pinsel
- Gegebenenfalls zwei stabile, tragfähige Bilderaufhänger
- 1 Hartholzblock: 12 × 12 × 20 cm
- Bohrmaschine und verschiedene Bohrer (2–9 mm dick)
- Schleifmaschine, Schleifpapier
- Bambusröhrchen und Schilfhalme, jeweils 15 cm lang
- Ein wenig feinen Baulehm, z. B. CLAYTEC Oberputz fein 06

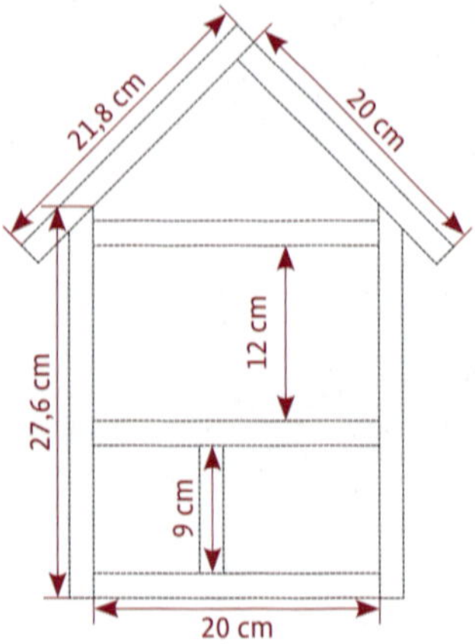

SCHRITT FÜR SCHRITT (1)

1 SEITENWÄNDE OBEN ANSCHRÄGEN

→ Als Erstes schrägen Sie die oberen Enden der beiden Seitenwände mit einer Stich- oder Kreissäge in einem 45-Grad-Winkel an, und zwar so, dass die spätere Innenseite jeder Wand eine Länge von 27,6 cm behält. Auf den entstehenden Schrägflächen wird später das Dach aufliegen. Am besten klappt das Anschrägen mithilfe einer Kreissäge, deren Sägetisch man im entsprechenden Winkel neigen kann, oder freihändig mit einem scharfen Fuchsschwanz. Es geht aber auch mithilfe einer Stichsäge mit einem im Winkel arretierbaren Sägeblatt, das man dann an einer am Holz angelegten Führungsschiene entlangführt.

2 SENKRECHTE WÄNDE ANSCHRAUBEN

→ Nun geht es an den Zusammenbau der Wände: Schrauben Sie zunächst die senkrechte Trennwand des Untergeschosses an einer angezeichneten Stelle auf die Bodenplatte. Wie immer bei Schraubverbindungen sollten Sie die Löcher für die Schrauben dabei zuerst mit der Bohrmaschine vorbohren. Die Schrauben werden vom Boden des Insektenhotels aus eingedreht. Es empfehlen sich daher Schrauben mit möglichst flachen Köpfen, bei aufgewölbten Schraubenköpfen würde das Haus am Ende etwas kippelig stehen.

Im nächsten Schritt schrauben Sie die Seitenwände mit je zwei Schrauben an den beiden Seiten der Bodenplatte fest.

ZEITAUFWAND

Wenn das Material erst mal zusammengetragen, der Hartholzblock mit Bohrlöchern versehen ist und die Niströhrchen zugeschnitten sind, dauert der Bau dieses Insektenhotels noch etwa 2–2 ½ Stunden.

3 ZWISCHENDECKEN EINZIEHEN

→ Setzen Sie jetzt die „Decke vom Parterre“ von oben her auf die senkrechte Zwischenwand auf und fixieren Sie sie sowohl daran als auch an beiden Seitenwänden mit jeweils zwei Schrauben.

Nun kommt der Hartholzblock ins Spiel. Versehen Sie ihn von einer Längsseite aus mit Bohrlöchern unterschiedlicher Weite, von 2–9 mm Durchmesser (am besten werden erfahrungsgemäß Löcher mit 3–8 mm Durchmesser von den Bienen angenommen). Worauf Sie beim Bohren achten müssen, lesen Sie ab Seite 33. Sie können die Löcher dabei flächig nach dem Streuprinzip verteilen oder zu gewissen Mustern anordnen, ganz wie es Ihnen gefällt. Schleifen Sie den Holzblock am Ende an seiner Vorderfront ganz glatt und achten Sie darauf, dass an den Eingängen zu den Bohrlöchern keine Holzspäne abstehen.

Legen Sie nun den Hartholzblock auf den bereits montierten ersten Zwischenboden des Insektenhotels. Er dient gewissermaßen als Abstandhalter für die Anbringung des zweiten Zwischenbodens. Die Raumhöhe muss ausreichen, um später den Holzblock aufzunehmen. Markieren Sie daher die notwendige Raumhöhe an den Seitenwänden und schrauben Sie dann den letzten Zwischenboden, sozusagen als Decke der ersten Etage, zwischen die beiden Seitenwände.

SCHRITT FÜR SCHRITT (2)

4 DACH AUFSETZEN

→ Nun muss Ihr Bauwerk noch mit einem Dach eingedeckt werden. Dazu verbinden Sie die beiden Dachteile im rechten Winkel miteinander. Achtung: Das kürzere der beiden Dachteile schließt seitlich an das längere Teil an, nicht umgekehrt; auf diese Weise erhalten Sie zwei gleich lange Dachflächen. Danach schrauben Sie das Dach von oben an den angeschrägten Seitenwänden fest.

5 RÜCKWAND ANBRINGEN

→ Der nächste Schritt besteht darin, die Sperrholzplatte für die Rückwand in der passenden Form zuzuschneiden. Legen Sie dazu das so weit zusammengesetzte Häuschen als Schablone auf die Sperrholzplatte auf, umzeichnen Sie es mit einem Stift und sägen Sie das Bauteil entlang der aufgezeichneten Konturen aus. Dann bringen Sie die Rückwand von hinten mit mehreren kleinen Nägeln an der Rahmenkonstruktion des Insektenhotels an.

6 ANMALEN UND FÄCHER BEFÜLLEN

→ Verleihen Sie Ihrem Werk zu guter Letzt noch etwas Farbe, indem Sie zum Beispiel die vorderen Kanten von Dach, Seitenwänden und Böden in Weiß streichen und die Außenseiten des Hauses in einem satten Schwedenrot. Die Bienen werden sich aber auch nicht daran stören, wenn Sie statt des skandinavischen Stils eher eine „Villa Kunterbunt“ bevorzugen. Die Innenwände bleiben aber in jedem Fall gänzlich ohne Anstrich.

Steht noch als allerletzter Schritt aus, die „Zimmer“ des Hauses mit unterschiedlichen Materialien zu füllen. Erdgeschoss und Dachstübchen bestücken Sie mit Bambusröhrchen und Schilfstängeln (wie das am besten geht, steht auf Seite 28 und 20). Vorteilhaft ist es, die Halme auf der Rückseite anzukleben (siehe Seite 12). Das Eckzimmer unten bekommt eine Füllung aus feinem Baulehm, in den Sie drei bis vier kurze Lochattrappen bohren (siehe Seite 65).

Den vorgesehenen, mit reichlich Bohrlöchern versehenen Hartholzblock legen Sie in das mittlere Fach, in die erste Etage sozusagen. Schieben Sie ihn dabei etwa 3 cm nach hinten, dann gewährt ihm der überstehende Holzrahmen ein wenig Regenschutz und er bildet eine einheitliche Front mit den Schilf- und Bambushalmen. Damit er beim späteren Hantieren mit dem Insektenhotel nicht verrutschen kann, kleben Sie ihn am besten mit etwas Holzleim an der gewünschten Stelle fest.

Sofern Sie dieses Insektenhotel nicht aufstellen, sondern an eine Wand hängen wollen, bringen Sie auf der Rückseite noch zwei stabile, tragfähige Bilderaufhänger an.

MODELL „BLOCKHÜTTE"

Sie denken bei dem Wort Blockhütte an Kanada, Trapper und ein Haus aus Baumstämmen? Nun, die Bienen-Blockhütte besteht tatsächlich aus Baumstämmen, zumindest aus Stücken davon, die allerdings säuberlich zu Quadern geschnitten sind. Welche Holzarten sich dafür am besten eignen, lesen Sie auf Seite 33.

WAS SIE BRAUCHEN

- 3 Hartholzblöcke, jeweils 12 cm dick: 25 × 12 cm, 24 × 12 cm sowie 20 × 12 cm (Kantholz 12 × 12 cm)
- 2 Bretter für das Dach (Massivholz, 18 mm dick): 35 × 15 cm und 30 × 15 cm
- Sperrholzplatte für die Rückwand (6 mm dick): ca. 40 × 40 cm
- Kreis- oder Stichsäge oder einen scharfen Fuchsschwanz
- Bohrmaschine mit unterschiedlich dicken Bohrern, 2–9 mm Durchmesser
- Schleifmaschine, Schleifpapier
- Wasserfesten Holzleim
- 3 Schraubzwingen
- Schraubendreher oder Akkuschrauber
- Schrauben für das Anbringen der Rückwand: 3 × 25 mm
- Umweltfreundliche Holzlasur, Pinsel
- Gegebenenfalls Bilderaufhänger für die Rückwand
- Naturstrohhalme, 12 cm lang
- Pappröhrchen in verschiedenen Durchmessern, 12 cm lang

Die Holzstücke werden durch Holzleim miteinander verbunden. Weil das Insektenhotel im Freien hängen soll, brauchen Sie einen Leim mit der Bezeichnung „wasserfest", was bedeutet, dass er eine gewisse Luftfeuchte aushält und damit witterungsbeständig ist. Grundsätzlich gibt es zwei Klassen von Holzleim, den sogenannten PU-Leim und den PVAC-Leim, auch Weißleim genannt. Da PU-Leim zwar wasserfest, aber giftig und hautaggressiv ist, kommt er für unsere Zwecke nicht infrage. Zum Glück gibt es auch wasserfesten Weißleim, im Handel mit „D4" bezeichnet. Der ist ideal für den Bau dieses Insektenhotels. Um eine haltbare Verbindung zu erreichen, müssen die Klebeflächen eben und staubfrei (Schleifstaub!) sein. Halten Sie die Anpresszeit so ein, wie sie auf der Leimpackung angegeben wird. Auch die folgende Abbindezeit, in der der Leim noch vollständig trocknet, muss unbedingt eingehalten werden. Sie ist je nach Leimfabrikat sehr unterschiedlich.

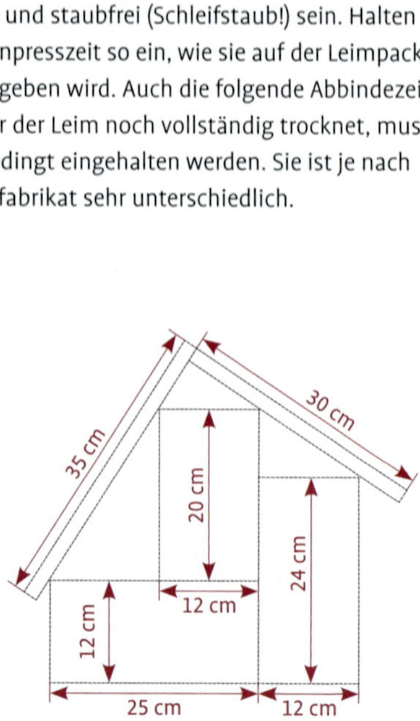

SCHRITT FÜR SCHRITT

1 HOLZBLÖCKE VERBINDEN

→ Versehen Sie die drei Hartholzblöcke bereits vor dem Zusammenfügen mit unterschiedlich dicken Bohrungen, wie es ab Seite 33 beschrieben steht. Noch einzeln lassen sich die Holzblöcke zum Bohren leichter festhalten oder in einen Schraubstock einspannen. Nach dem Bohren der Nistgänge und Glattschleifen der Frontseite fügen Sie die drei Holzblöcke mithilfe von Holzleim so aneinander, wie es auf der Abbildung Seite 91 zu sehen ist. Fixieren Sie die Holzteile mit Schraubzwingen, um einen hohen Pressdruck zu erreichen, während der Leim abbindet, und geben Sie dem Leim anschließend genug Zeit zum Aushärten.

2 RÜCKWAND ANPASSEN

→ Die Zeit, während die Leimverbindung fest wird, können Sie nutzen, um die beiden Bretter für das Dach mit zwei, drei Schrauben im rechten Winkel aneinanderzuschrauben. Wie stets bei Schraubverbindungen sollten Sie dazu die Löcher vorbohren. Nun heißt es noch die Rückwand aus der Sperrholzplatte auszusägen. Legen Sie dazu die Holzklötze und das Dach so auf das Sperrholz, dass die Unterkante der Klötze und die Unterkante der Rückwand bündig miteinander abschließen. Anschließend zeichnen Sie am Sperrholz die Konturen des Hauses nach und sägen Sie sodann die Hausform aus dem Sperrholz aus.

3 RÜCKWAND BEFESTIGEN

→ Verschrauben Sie die Holzblöcke und das Dach von hinten her mit der Rückwand, die somit das Dach auf den Holzblöcken festhält. Das Dach steht dabei nach vorne 3 cm über und gibt dem kleinen Insektenhotel später einen gewissen Regenschutz. Achten Sie darauf, die Schrauben möglichst am Rand der Holzblöcke einzudrehen, damit diese nicht die Nistbohrungen treffen.

Nach Belieben können Sie nun das Dach noch außen und an den Kanten mit einer ungiftigen Holzfarbe anmalen. Auf der Innenseite bleibt es unbehandelt.

Um die drei „Dachkammern“ zu füllen, verwenden Sie am einfachsten gekauftes Naturstroh, das Sie mit einem scharfen Messer auf 12 cm Länge zuschneiden, sowie Pappröhrchen, die es als Nisthilfen in sechs verschiedenen Durchmessern zu kaufen gibt (siehe Serviceteil, Seite 124). Ob Sie die beiden Materialien gemischt oder getrennt in die dreieckigen Kammern füllen, bleibt ganz Ihnen überlassen. Eine besonders gute Ausnutzung des Raumes erreichen Sie, wenn Sie die dünneren Strohhalme jeweils in die Zwischenräume zwischen den dickeren Pappröhrchen stecken. Empfehlenswert ist es, die Halme und Röhrchen auf der Rückseite anzukleben, wie es auf Seite 12 beschrieben steht.

Sofern Sie die „Blockhütte“ nicht aufstellen, sondern an eine Wand hängen möchten, befestigen Sie dafür an der Rückwand zwei tragkräftige Bilderaufhänger. Weil aber das Dach nur über die Rückwand mit den schweren Holzblöcken verbunden ist, sollten Sie die Schrauben für die Aufhänger nicht in das Dach, sondern direkt in die Hartholzblöcke hineindrehen.

ZEITAUFWAND

Wenn das Material erst mal zusammengetragen ist, die Hartholzblöcke mit Bohrlöchern versehen und die Niströhrchen zugeschnitten sind, dauert der Bau dieses Insektenhotels noch ca. 2–2 ½ Stunden.

MODELL „KLEINES DREIECK“

Wie ein gemütliches Zelt sieht es aus, dieses kleine Insektenhotel. Es wird aus nur wenigen Teilen zusammengebaut und lässt sich nicht nur prima auf ein Regalbrett oder einen Mauersims stellen, sondern macht auch an die Wand gehängt eine gute Figur. Dank seiner handlichen Größe findet es sogar in einem Balkonkasten Platz. Apropos an die Wand hängen: Sollten Sie die Nisthilfe aufhängen wollen, befestigen Sie auf ihrer Rückseite ganz einfach einen (ausreichend stabilen) Bilderaufhänger.

Sofern die Vögel in Ihrer Umgebung nach einer gewissen Zeit entdecken, dass eine Wildbienennisthilfe wie diese ein reiches Büfett zur Selbstbedienung darstellt für alle, die Bienenlarven schmackhaft finden, können Sie die Niströhren vor den hungrigen Schnäbeln schützen, indem Sie ein Drahtgitter von vorne an die Seitenbretter tackern (siehe Seite 23). Oder Sie beugen einer Plünderung durch Vögel von vornherein vor, indem Sie die Pflanzenhalme auf der Rückseite des Dachdreiecks kurzerhand festkleben. Wie das am besten geht, lesen Sie auf Seite 12.

WAS SIE BRAUCHEN

- 1 Hartholzblock: 25,5 × 12 × 12 cm
- 2 Dachflächen (Massivholz, 18 mm dick): 30 × 15 cm
- 1 Firstklötzchen (Massivholz, 18 mm dick): 15 × 5 cm
- Sperrholzplatte für die Rückwand (6 mm dick): 29,5 × 31,7 cm
- Kreissäge, Stichsäge oder einen scharfen Fuchsschwanz
- Schrauben (3,5 × 40 mm)
- Schraubendreher oder Akkuschrauber
- Einige kleine Nägel zum Befestigen der Rückwand (20 mm lang)
- Bohrmaschine und Bohrer (verschiedene Stärken, von 2 mm bis 9 mm)
- Schleifmaschine, Schleifpapier
- Umweltfreundliche Holzlasur, Pinsel
- Bambusröhrchen und Schilfhalme, jeweils 12 cm lang

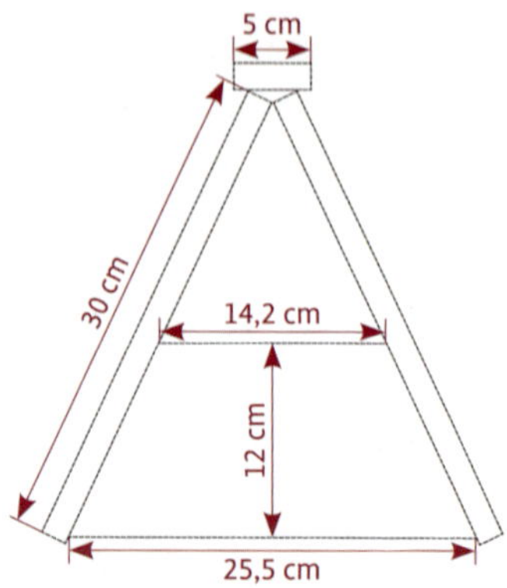

SCHRITT FÜR SCHRITT

1 HARTHOLZBLOCK ZUSÄGEN

→ Beginnen Sie mit dem Zusägen der beiden Bretter für die Seitenflächen (die in diesem Fall zugleich das Dach darstellen) und des Klötzchens für den Dachfirst. Nun wird es etwas schwieriger: Es gilt, den Hartholzblock auf beiden Seiten in einem 65-Grad-Winkel anzuschrägen, sodass seine Länge unten 25,5 cm, oben 14,2 cm beträgt. Am besten klappt das mit einer Kreissäge, deren Sägetisch winkelverstellbar ist, ein scharfer Fuchsschwanz ist dazu aber auch gut geeignet. Wenn das geschafft ist, bohren Sie unterschiedlich dicke Nistgänge in das Hartholz. Was Sie dabei beachten sollten, lesen Sie ab Seite 33.

2 DACHFLÄCHEN ANSCHRAUBEN

→ Schrauben Sie jetzt die Seitenwände respektive die Dachflächen so an die schrägen Flanken des Hartholzblocks, dass sie an der oberen Spitze aneinanderstoßen und das Dach nach vorne 3 cm übersteht. Auf diese Weise dient es später als Regenschutz. Setzen Sie je zwei Schrauben pro Dachfläche, und zwar in den hinteren Bereich des Holzklotzes, damit die Schrauben nicht quer durch die gebohrten Nistgänge verlaufen. Wie immer bei Schraubverbindungen: Vorbohren nicht vergessen! Zuletzt befestigen Sie das Firstklötzchen auf der Spitze des Dachs, indem Sie je zwei Schrauben von oben schräg in die Seitenwände drehen.

ZEITAUFWAND
Wenn das Material erst mal zusammengetragen, der Hartholzblock mit Bohrlöchern versehen ist und die Niströhrchen zugeschnitten sind, dauert der Bau dieser Nisthilfe noch ungefähr 1 ½–2 Stunden.

3 RÜCKWAND ANBRINGEN

→ Im Anschluss nehmen Sie sich die Sperrholzplatte für die Rückwand vor (Maße siehe Materialliste). Legen Sie das bereits zusammengeschraubte Häuschen so auf die Platte auf, dass es an der Unterseite bündig mit ihr abschließt. Umfahren Sie seine Kontur nun mit einem Stift. Es entsteht ein Dreieck, dem an den Ecken jeweils die Spitzen fehlen. Sägen Sie dieses Dreieck entlang der aufgezeichneten Linien aus dem Sperrholz aus und fixieren Sie es als Rückwand ringsum mit kleinen Nägeln an den Dachbrettern und dem Holzblock.

4 FARBIG ANMALEN UND MIT HALMEN FÜLLEN

→ Die Seitenflächen und Vorderkanten des Dachs sowie die Firstabdeckung können Sie nach Belieben mit umweltfreundlicher Farbe lasieren, die Innenflächen lassen Sie dabei jedoch unbehandelt. Zu guter Letzt füllen Sie das leere Dreieck oberhalb des Hartholzblockes in dichter Packung mit Bambus- und/oder Schilfhalmen, die Sie zuvor auf 12 cm Länge zugeschnitten haben. Was dafür wichtig zu wissen ist, finden Sie auf Seite 28 und 21. Ein Tipp für alle, die sich Arbeit ersparen möchten: Die Pflanzenhalme lassen sich mittlerweile fertig zugeschnitten über das Internet beziehen (Adressen siehe Seite 124).

MODELL „HOCH ODER QUER“

Dieses Modell wird stilistischen Minimalisten oder Anhängern des Bauhausstils gefallen. Neben seiner Ästhetik ist es aber auch in doppelter Hinsicht praktisch: Es lässt sich ohne große handwerkliche Vorkenntnisse bauen und erweist sich in der Verwendung als ungeheuer flexibel. Wer eine Mauerkrone oder ein Terrassenregal als Unterlage nutzen möchte, legt es einfach darauf. Und wer nur ein schmales Wandstück zur Verfügung hat, hängt es kurzerhand hochkant an die Wand, ob am Balkon, an der Terrasse oder im Garten an Garage, Schuppen oder Hauswand.

Mit seiner Bautiefe von 20 cm und dem breiten Mittelteil eignet es sich gut dafür, mit halbierten Strangfalzziegeln (siehe Seite 40) bestückt zu werden. Natürlich können Sie stattdessen in das mittlere Regalfach auch einen Hartholzblock entsprechender Größe legen, in den Sie mit der Bohrmaschine Nistgänge mit verschiedenen Durchmessern gebohrt haben (siehe Seite 33). Eine weitere denkbare Alternative wäre eine Füllung mit feinem Baulehm, wie es ab Seite 62 beschrieben steht.

Sie können diesem Insektenhotel wie unseren anderen Bauprojekten auf der Außenseite einen farbigen Anstrich verleihen. Falls Sie jedoch wie wir an der puren Holzoptik Gefallen finden, sollten Sie es aber zumindest mit einer farblosen Schutzlasur versehen. Das erhöht seine Witterungsbeständigkeit.

WAS SIE BRAUCHEN

- 2 Längswände (Massivholz, 18 mm dick): 51 × 20 cm
- 4 Querwände (Massivholz, 18 mm dick): 11 × 20 cm
- Sperrholz (6 mm dick) für die Rückwand: 51 × 14,5 cm
- Kreis- oder Stichsäge oder einen scharfen Fuchsschwanz
- Bohrmaschine und Bohrer zum Vorbohren der Schraubenlöcher
- Schrauben zum Verschrauben der Seitenwände: 3,5 × 40 mm
- Schrauben für das Anbringen der Rückwand: 3 × 25 mm
- Schraubendreher oder Akkuschrauber
- Umweltfreundliche Holzlasur, Pinsel
- Falls die Nisthilfe an die Wand gehängt werden soll: 2 Bilderaufhänger für schwere Rahmen
- 3 Strangfalzziegel
- Trennschleifer zum Halbieren der Strangfalzziegel
- Schilf- und Bambushalme, jeweils 17 cm lang

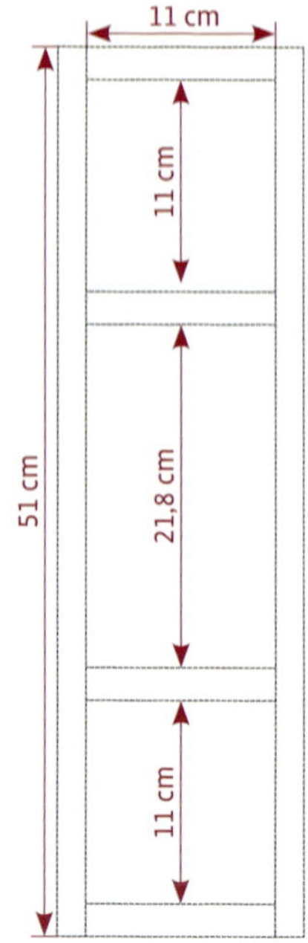

SCHRITT FÜR SCHRITT

1 WÄNDE ZUSAMMENSCHRAUBEN

→ Verschrauben Sie die beiden Seitenteile mit den Querwänden, und zwar so, dass die beiden äußeren Fächer des Regals 11 × 11 cm Innenmaß aufweisen und das mittlere Fach 11 × 21,8 cm groß ist. Das funktioniert am besten, wenn Sie zuerst alle vier Querwände im rechten Winkel auf die erste Seitenwand schrauben und dann die zweite Seitenwand hinzufügen. Die Löcher für die Schrauben sollten Sie dabei jeweils vorbohren. Am besten verwenden Sie zusätzlich zu den Schrauben noch Holzleim, um eine wirklich gute Stabilität dieses doch recht schweren Modells sicherzustellen.

2 RÜCKWAND BEFESTIGEN

→ Im nächsten Schritt schrauben Sie die Rückwand aus Sperrholz von hinten auf das Regal, indem Sie jeweils mehrere Schrauben in die langen Seitenwände und zusätzlich je eine Schraube in jede Querwand drehen. Geben Sie den Außenflächen des Regals nun noch einen Anstrich mit einer Holzlasur. Falls Sie die fertige Nisthilfe an einer Wand aufhängen wollen, befestigen Sie an einer Längs- beziehungsweise einer Schmalseite – je nachdem, ob das Regal senkrecht oder waagerecht hängen soll – zwei Bilderaufhänger. Achten Sie darauf, dass diese ausreichend stabil sind, denn das Gesamtgewicht dieses Modells einschließlich seiner Füllung ist nicht zu unterschätzen.

ZEITAUFWAND

Wenn das Material erst mal zusammengetragen ist und die Pflanzenhalme zugeschnitten sind, dauert der Bau dieser Nisthilfe noch ungefähr 1 ½ Stunden.

3 FÄCHER BEFÜLLEN

→ Um möglichst viele verschiedene Wildbienenarten mit dem Nistangebot anzusprechen, füllen Sie die drei Regalfächer am besten mit unterschiedlichen Materialien. Für die beiden randlichen, kleineren Fächer eignen sich Bambusröhrchen und Schilfhalme, die Sie auf jeweils 17 cm Länge zuschneiden. Worauf dabei zu achten ist, lesen Sie auf Seite 28 und Seite 21. Füllen Sie die Halme in einer wirklich dichten Packung in ihr Regalfach, sodass sie richtig fest drinstecken. Sie können die Halme auch mithilfe von Gips, Aquariensilikon oder Bienenwachs an der Rückwand festkleben (siehe Seite 12). Falls mit der Zeit Vögel die Nisthilfe als willkommene Futterquelle entdecken und zu plündern beginnen, können Sie 13 × 13 cm große Quadrate eines Drahtgitters am vorderen Rand der kleinen Fächer festtackern (mehr dazu auf Seite 23). Solche Gitter haben dann 3 cm Abstand von den Halmen, genug, um die Bienenlarven darin vor den Vogelschnäbeln zu schützen.

Das mittlere Fach unserer Nisthilfe ist in der Größe auf die Maße halbierter Strangfalzziegel ausgelegt, die eine Normbreite von 20,5 cm haben. Wie Sie beim Vorbereiten der Ziegelhälften vorgehen, lesen Sie auf Seite 42. Legen oder stellen Sie fünf derartige Ziegelhälften in das Regalfach. (Die eine übrig bleibende Ziegelhälfte können Sie eventuell für eine andere Wildbienennisthilfe als regenfestes Dach nutzen, das die Bienen zugleich auch besiedeln können. Oder Sie legen sie einfach auf eine Gartenmauer ...)

Zu guter Letzt gilt es nur noch, ein geeignetes, sonnenbeschienenes und wettergeschütztes Plätzchen für Ihr neues Insektenhotel zu finden.

SANDARIUM

Ihnen ist das Wort Sandarium noch nie begegnet? Was soll das sein, fragen Sie? Ganz einfach: Wie ein Aquarium einen künstlichen Kleinlebensraum für Wassertiere darstellt, ist ein Sandarium eine künstlich angelegte Sandfläche, die Sandbewohnern unter den Tieren und Pflanzen einen kleinen Lebensraum dort bietet, wo von Natur aus keiner wäre.

WAS SIE BRAUCHEN

- Einen sonnigen, nicht anderweitig genutzten Platz im Garten
- Ungewaschenen Sand
- Eichenspaltpfähle oder andere Hartholzpfähle in unterschiedlichen Längen, von 70 cm bis etwa 1,50 m
- Wasserdurchlässiges sogenanntes Unkrautvlies mit einer Materialstärke von 100–150 g/m^2
- Spaten, Schubkarre, Handschaufel
- Arbeitshandschuhe
- Vor allem bei großen Anlagen einen tatkräftigen Helfer
- Bohrmaschine und Bohrer in unterschiedlichen Stärken (2–9 mm dick)
- Verschiedene wildbienenfreundliche Pflanzen für trockene Standorte

Groß oder klein?

Im Grunde kann man auch schon eine mit Sand gefüllte und draußen aufgestellte Blumenschale, wie sie ab Seite 66 beschrieben ist, als ein Sandarium bezeichnen, nur eben eines im Miniaturformat. Doch was für alle Lebensräume gilt, gilt auch für ein Sandarium: Je größer, desto besser. Wenn Sie also in Ihrem Garten ein sonnenbeschienenes Stückchen Boden für die eigene Nutzung entbehren können, lässt sich dort mit einfachen Mitteln ein wunderbares Areal für eine Vielzahl von Tieren (und auch Pflanzen) schaffen. Dabei muss es keineswegs eine so stattliche Anlage werden, wie auf den folgenden Seiten gezeigt. Wer nur einen kleinen Garten hat oder die besonnten Flächen im Garten überwiegend anderweitig nutzen möchte, kann auch eine Sandfläche von „nur“ einem Quadratmeter oder sogar noch weniger anlegen. Immer nach dem Motto: Alles ist besser als nichts.

Unkraut willkommen!

Rings um Ihr Sandarium pflanzen Sie am besten solche Blütenpflanzen, die von vielen – oder auch nur von ganz speziellen, in Ihrer Umgebung vorkommenden – Wildbienen als Pollenquelle genutzt werden. Mehr dazu lesen Sie ab Seite 112. Auf der freien Sandfläche werden mit der Zeit außerdem zahlreiche Samen sogenannter Pionierpflanzen aufgehen, die von irgendwoher ganz von alleine angeflogen kommen. Viele Sandbienen sind genau auf diese Art von „Unkraut“ als Pollenquelle spezialisiert, weil sie von jeher im selben Lebensraum vorgekommen sind.

Helfen Sie daher gerne auch ein wenig nach, indem Sie solche meist despektierlich als „Ackerunkraut“ bezeichneten Pflanzen in Ihr Sandarium holen. Gibt es womöglich in Ihrer Nähe schon seit mehreren Jahren eine Baustelle? Dann werden Sie dort auf den Rohböden oder Aushubhalden sicherlich eine Reihe von Pionierpflanzen vorfinden. Da solche Flächen nach Fertigstellung der Gebäude von der Baufirma in der Regel wieder beseitigt werden, ist es hier – anders als in freier Natur – durchaus zu vertreten, Pionierpflanzen auszugraben (bitte dabei ein eventuelles Betretungsverbot des Baustellengeländes beachten!). Schließlich retten Sie die Pflanzen vor dem Untergang, indem Sie sie in Ihren Garten umsiedeln. Die genügsamen Pflänzchen – Acker-Hundskamille, Gelbe Resede, Klatschmohn, Ackersenf, Natternkopf und wie sie alle heißen – können es mit ihrem farbigen Blütenschmuck durchaus mit so manchen typischen Gartenpflanzen aufnehmen.

Im Jahr nach der Neuanlage ist aus der zunächst kahlen Baustelle ein wahres Schmuckstück für den Garten geworden. Und nicht nur zahlreiche Wildbienen, auch zum Beispiel solitäre Wespen und Eidechsen freuen sich über neuen Lebensraum.

SCHRITT FÜR SCHRITT (1)

1 GRUBE AUSHEBEN

→ Legen Sie zunächst einen geeigneten Platz für das Sandarium fest und markieren Sie dessen ungefähren Umriss. Stechen Sie nun die Grasnarbe mit einem Spaten ab und heben Sie eine ungefähr 50 cm tiefe Grube aus. Eine Hanglage können Sie damit ausgleichen, dass Sie hangaufwärts entsprechend tiefer graben. Am Rand der Grube schaufeln Sie dann einen etwa 40 cm tiefen Graben, in den später Umrandungspfähle gesetzt werden können. Falls Sie einen schweren, tonigen Boden im Garten haben, der zu Staunässe neigt, sollten Sie die Grube noch etwas tiefer ausheben und auf ihren Boden eine Lage Kies als Dränage einfüllen.

2 RAND AUS EICHENPFÄHLEN AUFSTELLEN

→ Legen Sie die Grube einschließlich des Randgrabens mit Unkrautvlies aus und ziehen Sie dieses auch auf der Außenseite des Grabens hoch. Das Vlies verhindert gleichzeitig, dass der Sand durch den Regen zunehmend tiefer in den Boden geschwemmt wird und dass sich im Laufe der Zeit Wurzelausläufer umgebender Pflanzen aus der Tiefe nach oben durcharbeiten. Stellen Sie nun Eichenspaltpfähle oder andere Hartholzpfähle als randliche Palisaden rings um die Grube und fixieren Sie sie fürs Erste durch eine Sandanschüttung. Das Vlies schirmt die Pfähle nach außen gegen das Erdreich ab, das die Nässe lange hält und das Holz rascher verrotten ließe.

ZEITAUFWAND
Für ein Sandarium der gezeigten Größe sollten Sie einige Tage Arbeitszeit veranschlagen, nicht zuletzt abhängig davon, ob Sie einen oder gar mehrere Helfer haben.

3 MIT SAND AUFFÜLLEN

→ Im Weiteren brauchen Sie noch viel mehr Sand, und zwar unbedingt ungewaschenen Sand, sogenannten Mauer- oder Bausand. Das ist Sand, der so belassen wurde, wie er in der Sandgrube abgebaut wurde: eine Mischung aus kleinsten Mineraliensteinchen (Sandkörnern), sehr feinen anorganischen Naturstoffen wie Ton und Lehm sowie winzigen organischen Bestandteilen wie Holz, Kohle und Pflanzenresten. Gewaschener Sand enthält dagegen nur noch Ministeinchen. Die Brutgänge von Wildbienen hätten darin keine Stabilität, weil die „nackten" Sandkörnchen nicht haften, sondern ohne Halt einfach aneinander vorbeirieseln.

Füllen Sie nun also die Grube weiter mit Sand auf, Schubkarre für Schubkarre, bis das ursprüngliche Bodenniveau wieder erreicht ist. Treten Sie den Sand dabei schichtweise immer wieder gut fest. Die umstehenden Palisaden stellen einen guten Windschutz dar und verhindern über die Jahre wirkungsvoll, dass der Sand durch Winderosion sukzessive wieder abgetragen wird.

Von der Außenseite her böschen Sie die Palisadenwand mit Sand großzügig an. Verteilen Sie den Sand dabei so weit, dass das überstehende Unkrautvlies durch ihn vollständig abgedeckt ist. Auch auf diesem äußeren Sandstreifen ist ein Erosionsschutz nötig. Hier übernimmt eine Bepflanzung mit Wildstauden diese Funktion, weil die Pflanzenwurzeln den Sand festhalten und das Pflanzenlaub den Wind abhält.

SCHRITT FÜR SCHRITT (2)

4 DEN RAND BEPFLANZEN

→ Im nächsten Schritt bepflanzen Sie also den äußeren Sandrand mit einigen heimischen Blütenpflanzen, die zum einen mit dem kargen, trockenen Standort zurechtkommen, zum andern den Wildbienen, vor allem natürlich Sandbienen, Pollen und Nektar liefern. Dafür geeignete Pflanzen sind zum Beispiel die Wilde Möhre (*Daucus carota*), das Berg-Steinkraut (*Alyssum montanum*), die Pfeilkresse (*Cardaria draba*), die Wegwarte (*Cichorium intybus*), der Färberwaid (*Isatis tinctoria*) oder die Gelbe Resede (*Reseda lutea*). Die höherwüchsigen Arten sollten Sie dabei möglichst auf der Nordseite des Sandariums pflanzen, damit sie keinen Schatten auf die Sandfläche werfen. Aus demselben Grund eignen sich ausladend wachsende Gehölze wie zum Beispiel Weiden nicht so gut für die direkte Randbepflanzung.

Wenn Ihnen die kahle Sandfläche im Inneren des Sandariums zu leer aussieht, können Sie einige unterschiedlich große Steine wie zufällig auf der Fläche verteilen und auch dort kleine Pflänzchen einsetzen. Oder Sie warten einfach darauf, dass mit der Zeit diverse Pflanzensamen von irgendwoher angeflogen kommen und von alleine im Sandarium keimen (siehe auch Seite 115). Halten Sie den Pflanzenwuchs auf der inneren Sandfläche aber unbedingt begrenzt, damit die Bienen freien Zugang zu offenem Sandboden behalten.

Übrigens: Ein kleiner Lesesteinhaufen am Rand des Sandariums bietet nicht nur einigen Wildbienenarten, sondern auch anderen Kleintieren wie Laufkäfern, Spinnen, Eidechsen und vielen mehr ein begehrtes Quartier.

5 IN DIE RANDPFÄHLE LÖCHER BOHREN

→ Um nicht ausschließlich den Sandbuddlern unter den Wildbienen eine Nistmöglichkeit anzubieten, sondern auch diejenigen Wildbienenarten zu unterstützen, die in vorgefundenen Hohlräumen nisten, bohren Sie in die Hartholzpalisaden am Rand der Sandfläche unterschiedlich weite Löcher. Verwenden Sie dafür Bohrer von 2–9 mm Dicke und gehen Sie dabei so vor, wie Sie es ab Seite 33 nachlesen können. Und weil die Wildbienen bekanntlich ausgesprochene Sonnenkinder sind, bohren Sie die Löcher sinnvollerweise jeweils von derjenigen Seite des Holzpfahls aus, die täglich am längsten von der Sonne beschienen ist.

6 „MÖBLIERUNG“ MIT WEITEREN NISTHILFEN

→ Am Rand des Sandariums können Sie gut und gerne auch noch weitere Nisthilfen verteilen, zum Beispiel einen Stapel Strangfalzziegel oder einige morsche Totholzäste. Auch ein mit Sand gefüllter Blumentopf mit hineingesteckten markhaltigen Pflanzenstängeln macht sich als „Möblierung“ der Sandfläche gut. Natürlich können Sie die markhaltigen Stängel ebenso direkt in den Sand der Bodenfläche stecken. Oder Sie hängen eine kleine Nisthilfe mit Bambus- und Schilfhalmen an der Holzpalisade auf wie an einer Wand. Holen Sie sich gerne noch weitere Ideen für verschiedene Nisthilfen im vorderen Teil dieses Buchs.

KUCKUCKSBIENEN

Nicht alle Wildbienen sind fleißige Nestbauer und Pollensammler. Wie der Kuckuck bei den Vögeln gibt es auch im Volk der Wildbienen solche, die ihre Eier in fremde Nester schmuggeln. Und das sind gar nicht so wenige. Immerhin rund ein Viertel aller unserer heimischen Wildbienenarten betätigt sich als sogenannte Kuckucksbienen, also als Brutschmarotzer. Im Grunde sind sie für die Wirtsart nichts anderes als Parasiten, doch weil sie eben *auch* Wildbienen sind, wurden sie in diesem Buch nicht mit den übrigen Wildbienenparasiten (siehe Seite 16) in einen Topf geworfen, sondern haben hier ihre eigene Seite bekommen. Sie zeigt Ihnen nur ein weiteres Mal die ungeheure Vielfalt unserer Wildbienen auf.

Die Taktik der Kuckucksbienen läuft – mit leichten Abwandlungen – immer nach demselben Schema ab: Die Kuckucksbienendame späht das Nest einer geeigneten Wirtsart aus, legt dort, möglichst unbeobachtet, ihr eigenes Ei auf die bereits eingetragenen Futtervorräte der Wirtsbiene und macht sich rasch wieder vom Acker. Meistens verteidigt die Wirtsbiene ihr Nest vehement gegen die Schmarotzerin, sofern die beiden dort zusammentreffen. Erstaunlicherweise gibt es aber auch einige Arten, die ein ganz entspanntes und tolerantes Verhältnis zueinander haben.

Kuckucksbienen haben keine Einrichtungen zum Pollentransport, da sie ja keinen Proviant in ein Nest eintragen. Sie sind daher häufig nur kurz und sehr spärlich behaart, dafür aber oft recht bunt gefärbt.

Gegürtete Wespenbiene

WISSENSCHAFTLICHER NAME → *Nomada succincta*

KENNZEICHEN → 10–13 mm. Wenig behaart, durch ihre schwarz-gelbe Färbung stark an eine Wespe erinnernd.

LEBENSWEISE → Brutparasit bei Sandbienen, wobei das Wespenbienen-Weibchen einen auffälligen Suchflug im Bereich der Wirtsnester zeigt oder neben einem Nesteingang in Lauerstellung wartet, bis die Wirtsbiene zu einem Sammelflug aufbricht. Legt dann rasch ein Ei in eine Brutzelle der Sandbiene, die gerade mit Pollenproviant bestückt wird. Blütenbesuch an vielen verschiedenen Pflanzen.

FLUGZEIT → Ende März bis Ende Juni.

Frühlings-Trauerbiene

WISSENSCHAFTLICHER NAME → *Melecta albifrons*
KENNZEICHEN → Mit 12–14 mm auffällig groß. Dicht hell- bis dunkelbraun behaart mit weißlichen Flecken an den Seiten.
LEBENSWEISE → Lebt brutparasitisch bei Pelzbienen, hauptsächlich bei der Frühlings-Pelzbiene (siehe Seite 62), und hält sich oft an den Nistplätzen der Wirtsart an Löss- und Lehmwänden auf. Legt ihre Eier in bereits fertige Brutzellen der Wirtsart, indem sie den Deckel aufbricht und hinterher wieder verschließt.
Blütenbesuch an vielen verschiedenen Pflanzen.
FLUGZEIT → Ende März bis Anfang Juni.

Riesen-Blutbiene

WISSENSCHAFTLICHER NAME → *Sphecodes albilabris*
KENNZEICHEN → 11–15 mm groß. Dank ihrer Größe und dem glänzend blutroten Hinterleib unverwechselbar; Kopf und Brustabschnitt tiefschwarz.
LEBENSWEISE → An vegetationsarmen, sandigen Flächen zu beobachten, wie sie auf der Suche nach Nestern der Frühlings-Seidenbiene (siehe Foto Seite 9) hin- und her fliegt. Dringt in das Wirtsnest ein, wenn dessen Erbauerin gerade zum Pollensammeln unterwegs ist, vernichtet deren Ei und legt ein eigenes an dessen Stelle.
Blütenbesuch an vielen verschiedenen Pflanzen.
FLUGZEIT → Ende März bis Ende August.

Der wildbienenfreundliche GARTEN

Sachgerecht gebaute Insektenhotels sind ja ganz prima, aber auch in der Wildbienenwelt gilt: Ohne Essen keine Fortpflanzung. Für Bienen heißt das, ohne die richtigen Blüten, an denen sie sich Pollen und Nektar holen können, nützt ihnen auch die beste Nisthilfe nichts. In unseren zugebauten und – schlimmer noch – durch intensive Landwirtschaft ausgebeuteten Landschaften sind Pflanzen, die Bienennahrung liefern, aber leider vielerorts zur Mangelware geworden.

Sie können den Wildbienen daher wirkungsvoll helfen, wenn Sie Ihren Garten – oder auch nur den Balkon – wildbienengerecht gestalten und mit geeigneten Blumen, Kletterpflanzen oder Gehölzen bepflanzen.

PFLANZEN FÜR WILDBIENEN

Von der Honigbiene kennen wir, dass sie praktisch alles, was blüht, anfliegt und daraufhin untersucht, ob sie dort wohl Pollen oder Nektar ergattern könnte. Manche Wildbienen machen das ganz ähnlich, die meisten aber sind bei der Nahrungssuche deutlich wählerischer. Knapp die Hälfte unserer heimischen Wildbienenarten sind sogar so wählerisch, dass sie den Pollen ausschließlich oder nahezu ausschließlich von einer einzigen Pflanzenfamilie oder sogar Pflanzenart sammeln. Diese Bienen brauchen also genau „ihre" Pflanzen, um überleben zu können. Gehen in einer Region die Futterpflanzen zurück, verschwinden dort zugleich auch die entsprechenden Wildbienenarten.

Wie Wildbienen die Pflanzen nutzen

Pflanzen und Wildbienen, das gehört zusammen. Dabei sind die grünen und blühenden Gewächse den summenden Insekten in vielerlei Hinsicht von Nutzen:

> **Als Pollenquelle:** Der eiweißreiche Pollen ist unverzichtbare Larvennahrung, wird aber zwischendurch auch von den voll entwickelten Bienen gerne gefressen.

> **Als Nektarspender:** Alle Bienen, Männchen wie Weibchen, trinken regelmäßig Blütennektar. Der zuckerreiche Saft dient ihnen als Energielieferant, gleichsam als „Flugbenzin". Zum Nektartanken fliegen auch die Pollenspezialisten unter den Bienen die unterschiedlichsten Pflanzen an. Deshalb kann man spezialisierte Wildbienen ebenso auf den „falschen" Blüten beobachten. Vielfach wird der Nektar aber auch benutzt, um mit ihm den zum Nest getragenen Pollen zu einem Futterpaket zusammenzubacken.

> **Als Schlafquartier:** Blütenkelche sind beliebte Übernachtungsquartiere für die Wildbienen, die ja – anders als die Honigbienen – abends keinen schützenden Stock aufsuchen können. Gerne kuscheln sich die Wildbienen dann am Grund der Blüte um die Staubgefäße, nicht selten sogar zu mehreren. Manche Arten hingegen verbeißen sich abends an Pflanzenstängeln oder Grashalmen, um die kühlen Nachtstunden in starrer Haltung zu verbringen, einzig und allein durch ihre Mundwerkzeuge festgehalten. Übrigens: Nicht nur nachts kann man schlafende Wildbienen beobachten, auch bei schlechtem Wetter oder in den heißesten Stunden sehr warmer Sommertage kann man sie völlig inaktiv ruhen sehen.

> **Als Nistplatz:** Eine Reihe von Wildbienen höhlen markhaltige Pflanzenstängel aus, um darin ihre Brutzellen anzulegen. Andere nagen zum Nisten Löcher in das morsche Holz abgestorbener Äste oder Baumstämme oder nutzen die Bohrlöcher anderer holzbewohnender Insekten als Kinderstube.

> **Als Lieferant von Blattstückchen:** Blattschneiderbienen tapezieren ihre Brutröhren mit Blatt-

Blüten dienen Wildbienen nicht nur als Nahrungsquelle, sondern oft auch als Schutzraum für die Nacht oder bei ungemütlichem Wetter. Hier schlummert eine Scherenbiene in der Geborgenheit einer Glockenblume.

stücken, die sie – zum Beispiel von Rosenblättern – zuvor mit ihren Mundwerkzeugen passgenau abschneiden und im Flug zu ihrem Nest transportieren.

> **Als Quelle für Nistwolle:** Wollbienen benutzen zur Ausstattung ihrer Nester wollige Pflanzenhaare, die sie von behaarten Blättern und Stängeln abschaben. Auch feine Samenhaare, zum Beispiel von Pappeln, sind ein beliebtes Polstermaterial.

Kurze Distanzen sind wichtig

Wildbienen sind definitiv keine Langstreckenflieger. Je länger ihre energieaufwendigen Sammelflüge dauern, desto rascher altern sie, weil sie eine Art beschleunigten „Materialverschleiß" erleiden. Der Unterschied zwischen einem frisch geschlüpften Bienchen und einem 4–6 Wochen alten Individuum mit abgewetztem Pelz und oft ausgefransten Flügeln ist daher nicht zu übersehen. Da ein Wildbienenweibchen bis zu seinem Lebensende damit beschäftigt ist, für Nachkommenschaft zu sorgen, besteht der klare Zusammenhang: kürzeres Leben = weniger Nachkommen. Außerdem dauert es bei weiten Flugstrecken länger, bis eine einzelne Brutzelle mit Larvenproviant bestückt ist. So lange steht die Brutzelle aber offen, was Parasiten gute Chancen gibt, sie zu entern (siehe Seite 16). Oft lagern die Bienenweibchen, um den zeitlichen und energetischen Mehraufwand zu kompensieren, dann weniger Proviant in jede einzelne Brutzelle ein, was wiederum zur Folge hat, dass die Larven schwächlich bleiben und ihre Überlebensrate beim Überwintern geringer ist.

Kurzum: Für den Fortbestand der Wildbienen ist es wichtig, dass ihre Nistplätze und ihre Nahrungsquellen nahe beieinanderliegen. Im Klartext heißt das für Sie, dass es wenig Sinn macht, den Wildbienen Nisthilfen anzubieten, wenn im näheren Umfeld die geeigneten Pflanzen fehlen.

Auf die richtigen Pflanzen kommt es an

Wenn Nistmöglichkeiten und Nahrungspflanzen auf engem Raum beieinanderliegen, kommen viele Wildbienenarten mit erstaunlich kleinen Arealen aus. Ein kleiner, aber naturnah gestalteter Garten kann ihnen schon ausreichen. Zumal Wildbienen alles andere als scheu sind und sich durch die Aktivitäten von Gartenbesitzern, Kindern oder Haustieren absolut nicht stören lassen.

Und natürlich gilt: Je mehr unterschiedliche „Bienenpflanzen“ Sie in Ihrem Garten anbieten, desto mehr Wildbienenarten können Sie damit unterstützen.

HÜBSCH, ABER NUTZLOS

Von vielen Gartenblumen werden heute Zuchtsorten mit prächtig gefüllten Blüten angeboten. Doch Bienen brauchen ungefüllte Blüten. Bei den gefüllten Sorten wurden die Staubgefäße, die den Pollen liefern würden, züchterisch in zusätzliche Blütenblätter umgewandelt. Solche Blüten sind für die Bienen daher wertlos. Nicht einmal zum Nektartrinken taugen sie, denn selbst wenn sie am Blütenboden noch Nektardrüsen aufweisen, können die Bienen wegen der dichten Fülle an Blütenblättern kaum bis dorthin vordringen.

Ebenso haben viele bei Gartenbesitzern beliebte exotische Gewächse für unsere Wildbienen keinen Nutzen, wenn sie in der mitteleuropäischen Pflan-

Schon früh im Jahr ist die Weiden-Sandbiene unterwegs, um Pollen zu sammeln. Sie besucht dazu ausschließlich Weidenkätzchen, hier das Kätzchen einer Salweide.

zenwelt keine Verwandten haben und die Wildbienen daher an ihre Blüten nicht angepasst sind oder wenn sie als Zuchthybriden kaum Pollen oder Nektar aufweisen. Dazu gehört die ursprünglich aus China stammende und im Frühjahr so auffällig blühende Forsythie ebenso wie der wegen seines Duftes beliebte Falsche Jasmin oder die Balkonblumen-Standardpflanzen Pelargonien, Fuchsien oder Petunien. (Wie Sie Ihren Balkon stattdessen wildbienenfreundlich bepflanzen können, lesen Sie auf Seite 119.)

BLÜTEN VOM FRÜHJAHR BIS ZUM HERBST

In einem Punkt stimmen Gartenbesitzer mit den Wildbienen überein: Beide schätzen es, wenn ohne Unterbrechung vom Frühjahr bis zum Herbst möglichst viel blüht. Je länger sich die Blühsaison im Garten erstreckt, desto mehr verschiedene Wildbienenarten finden darin ein Auskommen. So können sich die schon früh im Jahr fliegenden Bienen an Krokus, Weidenkätzchen oder den Blüten von Kornelkirsche und Obstbäumen laben, im Sommer fliegende Arten finden Nahrung bei den bunten Sommerblumen in der Wiese und in den Beeten. Den Abschluss macht dann noch im Herbst die Efeu-Seidenbiene (*Colletes hederae*), die sich an den Blüten der erst im Oktober blühenden Kletterpflanze bedient.

GUTE „WILDBIENENBLUMEN“

Es liegt nahe, dass unsere heimischen Wildbienen vor allem unsere heimischen Pflanzenarten nutzen. An diese haben sie sich im Laufe der Evolution optimal angepasst. Lassen Sie daher möglichst viele heimische Wildpflanzen in Ihrem Garten wachsen. Sie werden staunen, welche Blütenschönheiten darunter zu finden sind. Selbst Pflanzen, die gemeinhin als Unkraut verschrien sind, tragen oft überaus aparte Blüten, liefern zugleich aber den Wildbienen wertvolle Pollennahrung, so zum Beispiel Disteln, Taubnesseln oder das Habichtskraut. Und das Praktische dabei ist: Sie müssen sie oft nicht einmal extra anpflanzen. Irgendwann kommen die Samen von alleine angeflogen oder werden von Tieren in Ihren Garten getragen und keimen dort. Als Gartenbesitzer besteht Ihre einzige Aufgabe dann darin, diese Zuwanderer nicht als „Unkraut“ gleich wieder zu jäten.

Viele Wildbienen, die nicht auf eine einzelne Pflanzenart, sondern auf eine bestimmte Pflanzenfamilie spezialisiert sind, stören sich aber auch nicht daran, wenn eine Pollenquelle fremdländischen Ursprungs ist. Hauptsache, sie gehört zur richtigen Pflanzenfamilie. So sammelt eine auf Glockenblumen spezialisierte Wildbiene genauso oft und erfolgreich an den asiatischen oder ameri-

WIE WEIT FLIEGEN WILDBIENEN AUF FUTTERSUCHE?

Dieser Frage gingen kürzlich Wissenschaftler der Universität sowie der Botanischen Staatssammlung München nach. Sie markierten im Botanischen Garten München, in dem auch große, vielseitig strukturierte Insektenhotels stehen, fast 2700 Wildbienen von sechs verschiedenen Bienenarten mit winzigen, nummerierten Farbplättchen, wie sie auch Imker zur Markierung ihrer Königinnen verwenden. Anschließend wurde beobachtet und aufgezeichnet, in welcher Entfernung vom Nest die Bienen Pollen sammelten. Dabei zeigte sich, dass die *durchschnittliche* Flugdistanz der Weibchen auf Futtersuche zwischen 73 und 121 m lag, die kleineren Bienenarten flogen dabei erwartungsgemäß weniger weit als die größeren. Frühere Studien ergaben andernorts *maximale* Sammelflugdistanzen zwischen 300 und 1500 m, wiederum abhängig von der Größe der Bienenart, der Großteil der Individuen flog dabei aber wesentlich weniger weit.

kanischen Glockenblumenarten, die bei uns gerne in Gärten angepflanzt werden.

Die folgenden sechs Pflanzenfamilien sind zweifellos die wichtigsten für die Wildbienenförderung:

- **Glockenblumen:** Sie sind leicht zu erkennen an den fünf Blütenblättern, die zur typischen Glockenform zusammengewachsen sind. Für diese Pflanzengruppe gibt es besonders viele hochspezialisierte Wildbienenarten, darunter viele Scheren- und Sandbienen, aber auch einige Mauerbienen und zum Beispiel die Glockenblumen-Sägehornbiene.
- **Kreuzblütler:** Ihre Blüten zeichnen sich durch vier über Kreuz stehende Blütenblätter aus. Viele Kulturpflanzen wie Raps, Rübsen oder Senf gehören zu dieser Gruppe, aber auch eine Reihe von Wildpflanzen, die im Ruf eines „Unkrauts" stehen. Im Frühjahr sind Kreuzblütler eine wichtige Nahrungsquelle für viele Wildbienen, zum Beispiel das Wiesenschaumkraut. Im Staudenbeet lassen sich unter anderem Steinkraut und Blaukissen prima kultivieren.
- **Schmetterlingsblütler:** Die markanten Blüten dieser Pflanzengruppe erinnern entfernt an einen Schmetterling: Zwei seitlich abstehende Flügel ergänzen ein nach oben ragendes Blütenblatt, die Fahne, sowie ein unteres Blütenblatt, das zu einer Art Schiffchen gebogen ist. Weil die Früchte dieser Pflanzen Hülsen sind, wird die Gruppe auch oft als Hülsenfrüchtler bezeichnet. Außer im Nutzgarten, wo Bohnen, Erbsen oder Linsen ihren Platz haben, sowie in der bunten Blumenwiese, wo vor allem Kleearten blühen, lassen sich zum Beispiel auch Wicken, Platterbsen oder Hauhechel gut im Staudenbeet kultivieren. Vor allem Blattschneider- und Mauerbienen, aber auch eine Vielzahl anderer Arten nutzen gerne die Blütenstände dieser Pflanzen, darunter auch viele Pollenspezialisten.
- **Doldenblütler:** Die zahlreichen winzigen Blüten dieser Pflanzen stehen meist als flache Dolden nebeneinander, die für Insekten nicht nur eine bequeme Landefläche darstellen, sondern auch durch ihre offen daliegenden Nektardrüsen attraktiv sind. Hier tummeln sich gewöhnlich nicht nur viele Wildbienenarten, sondern auch eine Vielzahl anderer Insekten. Im Gartenbeet machen sich Wiesenkerbel, Wilde Möhre und Bärenklau ebenso gut wie verschiedene Mannstreu-Arten.
- **Lippenblütler:** Von den fünf Blütenblättern dieser Pflanzenfamilie sind gewöhnlich zwei zu einer Oberlippe und drei zu einer Unterlippe verwachsen. An den Blüten sammeln vor allem Pelz- und Wollbienen, aber auch Hummeln (die zählen ebenfalls zu den Wildbienen, Sie erinnern sich!) sowie die seltenen Schlürfbienen den nahrhaften Pollen. Im Garten machen sich Taubnesseln und Schwarznessel, Minzearten und Edelgamander gut, aber auch Thymian und Salbei zählen zu dieser Gruppe. Besonders wertvoll sind Ziestarten wie Woll- oder Waldziest, weil sie den Wildbienen nicht nur Nahrung, sondern mit ihren feinen Pflanzenhaaren auch Baumaterial für ihre Nester liefern.

WILDPFLANZEN NICHT IN DER NATUR AUSGRABEN

Wildbienen brauchen ihre Futterpflanzen in erster Linie am Naturstandort. Graben Sie die Pflanzen daher nur in Ausnahmefällen in der Natur aus, und zwar nur dann, wenn im Umkreis sehr viele Exemplare davon wachsen. Besser aber kaufen Sie für den Garten Samen oder auch bereits vorgezogene Pflänzchen bei Gartenfachbetrieben. Alternativ können Sie Samen aus der Natur holen und die Pflanzen dann selber heranziehen.

> **Korbblütler:** So genannt wegen ihrer körbchenförmigen Blütenstände, bilden diese Blumen vor allem im Sommer eine wichtige Nahrungsquelle für viele Wildbienen. Wiesenblumen wie Löwenzahn, Gänseblümchen, Schafgarbe und Habichtskraut ziehen eine Unzahl verschiedener Wildbienen an. Vor allem Hosen-, Löcher- und Seidenbienen sind oft darauf zu beobachten. In Blumenbeeten macht sich die hübsche, blaue Wegwarte ebenso gut wie verschiedene Kamillen.

BÄUME UND STRÄUCHER FÜR DIE BIENEN

Generell gilt bei der Wildbienenförderung, dass insbesondere Futterpflanzen für die Pollenspezialisten unter ihnen wichtig sind. Schließlich haben diese es viel schwerer, die richtigen Pflanzen für sich beziehungsweise ihren Nachwuchs zu finden, als die Pollengeneralisten unter den Bienen, die sich an (fast) allen Blüten bedienen können. Viele der schon im Frühling fliegenden Sandbienenarten

WEITERE GUTE WILDBIENENGEHÖLZE

- Weißdorn (*Crataegus laevigata* und *C. monogyna*)
- Schlehe (*Prunus spinosa*)
- Kirschpflaume (*Prunus cerasifera*)
- Heckenrose (*Rosa canina*)
- Ahornarten (*Acer campestre, A. platanoides, A. pseudoplatanus*)
- Obstbäume und -sträucher (z. B. Apfel- und Kirschbaum, Brombeere, Himbeere)

Viele Wildblumen können in ihrer Wirkung mit prächtigen Gartenzüchtungen locker mithalten. Hier der Gewöhnliche Natternkopf, eine der wertvollsten Wildbienenpflanzen. Die Natternkopf-Mauerbiene ist sogar einzig auf diese Pflanze spezialisiert.

Auch auf dem Balkon können Wildkräuter prächtig gedeihen, ob im Balkonkasten oder in einzelnen Töpfen. Hier bieten Oregano, Thymian und Schafgarbe ihre Blüten den Wildbienen als Pollenquelle an.

sind auf Weiden spezialisiert, das heißt, sie sind zwingend auf Pollen spendende Weidenkätzchen angewiesen, um leben zu können. Daher leisten Sie mit einer Weide im Garten einen ungemein wichtigen Beitrag zum Erhalt dieser Bienenarten.

KRÄUTER UND GEMÜSE, BRÜDERLICH GETEILT

Im Kräuterbeet und Gemüsegarten wachsen so manch leckere Gewächse. Viele davon stellen auch für Wildbienen eine wichtige Pollenquellen dar. Leider werden Karotten, Kopfsalat, Kohl und Co. in aller Regel schon geerntet, bevor sie zur Blüte gekommen sind – und die Wildbienen gehen leer aus. Lassen Sie doch jeweils einen kleinen Teil Ihrer Nutzpflanzen zum Blühen kommen, dann werden sich bald Wildbienen an den Blüten einstellen. Die sich aus den bestäubten Blüten entwickelnden Samen können Sie dann als Saatgut für das kommende Jahr ernten.

Was nicht zu einem Wildbienengarten passt

> **Chemische Keule:** Dass in einem bienenfreundlichen Garten chemische Pflanzenschutzmittel keinen Platz haben, versteht sich eigentlich von selbst. In einem naturnah gestalteten Garten sind sogenannte „Nützlinge“ nie weit, um sich über Blattläuse und Co. herzumachen, wenn diese sich einmal allzu sehr ausbreiten. Zur Not sollten Sie die ungebetenen Saftsauger und andere „Schädlinge“ lieber mit Wasser abwaschen, statt zum Insektizid zu greifen.

> **Mähroboter:** In einem von einem elektrischen Mähroboter konstant befahrenen und kurz gehaltenen Rasen haben Wildblumen keine Chance. Da kommt noch nicht einmal ein Gänseblümchen zur Blüte. So ein gleichmäßig grüner Rasen ist für Wildbienen schlicht eine Wüste. In einem

Rasen dagegen, der nur alle paar Wochen mit einem Handrasenmäher gemäht wird, blühen für gewöhnlich zumindest Gänseblümchen, Löwenzahn und die eine oder andere Kleeart – lauter Futterpflanzen für Wildbienen. Allein an Blüten des Gewöhnlichen Löwenzahns (*Taraxacum* sect. Ruderalia) wurden schon mehr als 70 verschiedene Wildbienenarten beobachtet, vor allem viele Sand- und Schmalbienenarten. Nicht minder beliebt sind bei den Bienen der Rotklee (*Trifolium pratense*) und der Weißklee (*Trifolium repens*).

Bienenparadies auf kleinstem Raum

Sie haben überhaupt keinen Garten, sondern nur einen Balkon? Macht nichts! Auch auf der kleinen Fläche eines Balkons kann man die Wildbienen wirkungsvoll unterstützen. Erstaunlicherweise finden sich selbst mitten in der Stadt Wildbienen ein, wenn sie dort passende Lebensbedingungen vorfinden. Und wer sagt denn, dass in einem Balkonkasten immer nur das handelsübliche Balkonblumensortiment blühen muss?

Holen Sie sich doch einfach heimische Wildblütenpflanzen, die gute „Wildbienenblumen" sind (siehe Seite 116), auf Ihren Balkon – natürlich in Kombination mit verschiedenen Nisthilfen. Das hat nicht zuletzt auch den charmanten Vorteil, dass Sie die faszinierenden Aktivitäten der Wildbienen sozusagen direkt vor der Nase haben und praktisch jederzeit beobachten können.

WILDBLUMEN MÖGEN ES MAGER

Die meisten von Wildbienen angeflogenen Blütenpflanzen sind Arten von Magerstandorten, ganz im Gegensatz zu den üblichen Balkonblumen, die eine reiche Nährstoffversorgung wünschen. Eine handelsübliche Balkonblumenerde ist für die Wildblumen zu „fett". Eine solche Erde sollten Sie daher durch Zumischen von Sand „abmagern", bevor Sie die Wildstauden darin einsetzen. Gut geeignet als Pflanzsubstrat ist auch käufliche Dachgartenerde, die einen hohen mineralischen Anteil aufweist.

Und da die meisten Magerstandorte gleichzeitig Trockenstandorte sind, vertragen die entsprechenden Pflanzen keine „nassen Füße". Sorgen Sie also unbedingt für einen guten Wasserabzug, damit sich Gieß- oder Regenwasser nicht stauen kann.

Auch viele Wild- und Küchenkräuter sind gute Bienenpflanzen. Wenn Sie solche Kräuter also auf dem Balkon anbauen – und blühen lassen –, haben beide, Sie *und* die Wildbienen, einen Nutzen davon.

NUTZPFLANZEN, MIT DENEN SIE WILDBIENEN FÖRDERN KÖNNEN

Beispiele für Gemüsepflanzen

- **Brokkoli** (*Brassica oleracea* var. *italica*)
- **Erbsen** (*Pisum sativum*)
- **Feuerbohnen** (*Phaseolus coccineus*)
- **Karotten** (*Daucus carota* subsp. *sativus*)
- **Lauch/Porree** (*Allium ampeloprasum*)
- **Rucola** (*Eruca sativa*)
- **Zwiebeln** (*Allium cepa*)

Küchenkräuter

- **Bärlauch** (*Allium ursinum*)
- **Fenchel** (*Foeniculum vulgare*)
- **Echte Kamille** (*Matricaria recutita*)
- **Echter Thymian** (*Thymus vulgaris*)
- **Gartensalbei** (*Salvia officinalis*)
- **Oregano** (*Origanum vulgare*)
- **Rosmarin** (*Rosmarinus officinalis*)
- **Sandthymian** (*Thymus serpyllum*)
- **Weißer Senf** (*Sinapis alba*)

Service

Sie haben Feuer gefangen? Und nun wollen Sie selbst loslegen und Ihren Garten wildbienengerecht bepflanzen, fragen sich aber, welche Pflanzen wohin passen? Vielleicht möchten Sie einige Nisthilfen für die Wildbienen Ihrer Umgebung bauen, wissen aber nicht, woher Sie die dafür benötigten Teile bekommen können? Oder wollen Sie sich erst mal noch weiter in das faszinierende Thema Wildbienen vertiefen und mehr erfahren über die sympathischen kleinen Summer?

Auf den folgenden Seiten stellen wir Ihnen ein wirklich nützliches Online-Instrument vor, einen sogenannten Wildbienenpflanzen-Finder. Außerdem finden Sie hier Adressen von Bezugsquellen und Vereinen sowie eine Liste von Büchern, die Ihnen bei Ihrem Vorhaben weiterhelfen können.

DIE RICHTIGEN PFLANZEN FÜR DEN WILDBIENEN-GARTEN FINDEN

Kein Garten ist wie der andere. Und um die richtigen Pflanzen für den eigenen Garten mit seinen ganz speziellen Boden- und Lichtverhältnissen zu finden, bedarf es oft umfassender Recherchen. Wenn diese Pflanzen dann auch noch gute Nahrungspflanzen für Wildbienen sein sollen, macht das die ganze Sache nicht leichter.
Sie können es sich aber auch einfach machen und einen genaueren Blick in Ulmers Wildbienenwelt unter der Internetadresse www.wildbienenwelt.de werfen. Neben vielen Fakten über die mehr als 560 verschiedenen Wildbienenarten Deutschlands finden Sie darin ein ungemein praktisches Tool für eine wildbienengerechte Gestaltung des Gartens: den Wildbienenpflanzen-Finder.

Der Wildbienenpflanzen-Finder

Dieses interaktive Werkzeug erlaubt es Ihnen, ganz gezielt sowohl die Standort-Gegebenheiten in Ihrem Garten als auch Ihre Wünsche nach Blütezeit und -farbe der Gewächse einzugeben. Auf einen Klick bekommen Sie am Ende diejenigen Pflanzen angezeigt, die Ihren jeweiligen Suchkriterien entsprechen. Dabei ist es wie immer bei Online-Recherchen: Je präziser die Suchkriterien, desto konkreter das Ergebnis.

Lassen Sie mich dies an einem Beispiel verdeutlichen. Nehmen wir an, Sie suchen für den Frühlingsaspekt Ihres Gartens gelb blühende, niedrig bleibende Gewächse, die im April blühen. Dann klicken Sie auf die Frage nach der Blütenfarbe „Gelb" an, bei der Frage nach dem Blühzeitpunkt „April"

Zum Nektartrinken fliegen auch Pollenspezialisten unter den Bienen wie hier die Glockenblumen-Schmalbiene die unterschiedlichsten Blüten an.

Die Rainfarn-Herbstsandbiene ist auf Korbblütler als Pollenquellen angewiesen.

und bei der Frage nach der Wuchshöhe „bis 0,5 m". Voilà – sogleich bietet Ihnen der Pflanzenfinder eine lange Liste von Blütenpflanzen an, die zu Ihren Suchkriterien passen. Ein Klick auf ein Bild, und Sie lesen zu der entsprechenden Pflanzenart nicht nur gärtnerisch relevante Informationen, sondern auch, welchen Wildbienenarten sie als Nahrungspflanze dient. Übrigens: Auf den ersten Blick zeigt Ihnen eine Zahl in der linken oberen Ecke des Fotos an, von wie vielen verschiedenen Wildbienen diese Pflanze angeflogen wird. Je höher diese Zahl, desto mehr Wildbienenarten können Sie also mit der jeweiligen Pflanze fördern.

Angenommen, Ihnen fällt nun aber zum Beispiel noch ein, dass der vorgesehene Standort für Ihre neuen Pflanzen im Halbschatten liegt. Dann wählen Sie in der Rubrik „Lichtbedarf" einfach zusätzlich „halbschattig" aus. Prompt reduzieren sich die zunächst vorgeschlagenen Blütenpflanzen auf einige wenige. Gegenprobe: Lichtbedarf sonnig. Und schon wird Ihnen wieder eine lange Liste verschiedener Pflanzen angezeigt. Frühjahrsblüher sind eben Sonnenkinder – ebenso wie unsere Wildbienen.

Auf analoge Weise können Sie für alle Jahreszeiten, Blütenfarben, Bodenarten und sämtliche Ihrer Gartenbereiche, ob Blumenwiese, Blütenhecke, Rabatte oder Pflanztrog, geeignete Gewächse finden, die dort nicht nur bestens gedeihen und Ihr gärtnerisches Herz höher schlagen lassen, sondern auch unseren Wildbienen als Nahrungsquelle dienen.

Die Top 10 der Wildbienenpflanzen

Sie wollen wissen, mit welchen Pflanzen Sie dem bunten Völkchen der Wildbienen am besten helfen können? Auch auf diese Frage gibt Ihnen Ulmers Wildbienenwelt eine rasche und präzise Antwort. Klicken Sie einfach auf „10 Wildbienenpflanzen für jeden Garten" und Sie haben die Top 10 der Wildbienen-Nahrungspflanzen vor Augen. Jede davon liefert Dutzenden verschiedener Bienenarten den begehrten Pollen. Das Gute dabei: Allesamt sind sie absolut pflegeleicht und anspruchslos und können in praktisch jedem Garten wachsen.

BEZUGSQUELLEN

… für besondere Materialien, die Sie zum Bau von Nisthilfen benötigen

Generell findet man heute durch die Suche im Internet für fast alles einen Anbieter. Folgende Adressen sind nur einige Beispiele von vielen.

FÜR NISTRÖHRCHEN

WWW.BIENENHOTEL.DE → Pappröhrchen in 6 verschiedenen Durchmessern, 12 cm lang; Schilfröhrchen, einseitig offen, 12 und 17 cm; Schilfröhrchen, beidseitig offen, 22–37 cm;
WWW.NATURSCHUTZCENTER.DE → Pappröhrchen in 3 verschiedenen Durchmessern, 10 und 14 cm lang; führen auch Hartholzblöcke (Buche) in verschiedenen Maßen zum Bohren von Niströhren
WWW.AKTIONGRUEN.DE → Bambushalme und Naturstrohhalme, jeweils 12 cm lang

FÜR NISTHILFEN AUS LEHM

CLAYTEC
www.claytec.de
Lehm-Oberputz fein 06

WEINREGAL-ZIEGEL

NEUSCHWANDER
www.weinregal-shop.de
Weinregal aus Stein, Weinregal-Lagerziegel

Auch z. B. im Sortiment der **Baumärkte** unter der Warenbezeichnung „Weinlagerziegel“ erhältlich.

STRANGFALZZIEGEL

CREATON
www.creaton.de
Profil-Strangfalzziegel, auch im Mini-Pack à 6 Stück erhältlich.

HOBBY-TÖPFERTON

TÖPFERBEDARF BROCK
www.toepferbedarf-brock.de
Bietet auch einen Brennservice an

Einen **Brennservice** in Ihrer Nähe finden Sie unter: www.keramik-brennen.de

… für wildbienenfreundliche Pflanzen für den Garten

Syringa
Duftpflanzen- und Kräutergärtnerei
www.syringa-pflanzen.de
Wildblumensamen zur Wildbienenförderung, Saatgut-Mischungen wahlweise mit einjährigen oder mit mehrjährigen Pflanzenarten

STAUDENGÄRTNEREI GAISSMAYER
www.gaissmayer.de
Führt unter der Kategorie „insektenfreundlicher Garten“ eine große Auswahl an speziell als Bienenpflanzen gekennzeichneten Stauden und Zwiebelpflanzen

ZUM WEITERLESEN

Atkin, J. (2015): **Expertenwissen Töpfern: Häufige Fehler beim Töpfern erkennen und beheben.** frechverlag GmbH, Stuttgart.

David, W. (2020): **Fertig zum Einzug: Nisthilfen für Wildbienen.** Pala-Verlag, Darmstadt.

Deutsches Bienen-Journal (Sonderheft, 2019): **Wildbienen.** Deutscher Bauernverlag, Berlin.

Eder, A./Peters, D./Römer, M. (2018): **Wildbienenhelfer: Wildbienen & Blühpflanzen.** TiPP 4 Verlag, Rheinbach.

Orlow, M. von (2015): **Mein Insektenhotel.** Verlag Eugen Ulmer, Stuttgart.

Schwarzer, E. (2020): **Mein Bienengarten.** Verlag Eugen Ulmer, Stuttgart.

Voskuhl, J./Zucchi, H. (2020): **Wildbienen in der Stadt: entdecken, beobachten, schützen.** Haupt Verlag, Bern.

Westrich, P. (2019): **Die Wildbienen Deutschlands.** 2. Aufl. Verlag Eugen Ulmer, Stuttgart.

Westrich, P. (2015): **Wildbienen: die anderen Bienen.** Verlag Dr. Friedrich Pfeil, Wolfratshausen.

Wiesbauer, H. (2020): **Wilde Bienen.** 2. Aufl. Verlag Eugen Ulmer, Stuttgart.

Bienenwissen im Internet

www.naturgartenfreude.de/wildbienen
www.wildbiene.com
www.wildbienen.info
www.wildbienenwelt.de

DANKSAGUNG DER AUTORIN

Dieses Buch hätte nicht entstehen können ohne die Unterstützung durch eine Reihe engagierter und wildbienenbegeisterter Menschen. Ich danke Frau Ina Vetter vom Ulmer Verlag für ihr stets offenes Ohr und für ihre Ideen und Anregungen zu den komplexeren Nisthilfen. Herrn Ulf Müller danke ich für das fachkundige und stilsichere Lektorat des Manuskripts. Vor allem aber bedanke ich mich bei Herrn Frank Hecker für die Umsetzung der Bastel- und Bauprojekte in überaus ansprechende Bilder und für die fantastischen Fotografien von Wildbienen an den Nisthilfen. Herrn Sylvio Bergmann (www.designbysiller.de) danke ich – auch im Namen des Fotografen und des Verlags – für die handwerklich gelungene und sorgfältige Ausführung der Wildbienen-Nisthilfen.

Nicht zuletzt danke ich meinem Mann für seine unerschöpfliche Geduld und Unterstützung, wenn ich monatelang entweder im Garten Wildbienen beobachtete oder aber am Schreibtisch vor dem Computer klemmte und am Manuskript tippte.

Schnell nachgeschlagen

Dr. Helga Hofmann ist Diplom-Biologin. Sie hat viele Jahre als wissenschaftliche Mitarbeiterin am Botanischen Institut der Universität München gearbeitet. Seit 1995 ist sie als freiberufliche Lektorin für Biowissenschaften und als Publizistin tätig. Aus ihrer Feder stammen zahlreiche Naturführer über heimische Pflanzen und Tiere sowie Ratgeber für naturnahe Gartengestaltung.

Helga Hofmann lebt mit ihrer Familie am Rand von München, wo sie statt eines gepflegten Schmuckgartens eine bunt blühende „Ökozelle" ihr Eigen nennt. Statt Unkraut zu jäten, beobachtet sie viel lieber alles, was im Garten fliegt, läuft, krabbelt oder kriecht.

Impressum

BILDQUELLEN

Die Fotos fertigte Frank Hecker **www.naturfoto-hecker.com** mit Ausnahme der folgenden:
Bellmann, Heiko/Frank Hecker: S. 8, 11, 17 rechts, 51 oben, 60, 61 links, 71, 114
Blickwinkel/Roland Günter über Hecker: S. 55, 61 rechts, 75 rechts
mauritius images: S. 21
Alan Williams/naturepl.com: Titelfoto
Stanglmeier, Werner: S. 14, 15, 128
Bienen/Blumen-Vignetten: Shutterstock.com. Airin.dizai: S. 19ff; benntennsann: S. 24ff; IADA: S. 121ff; Dn Br: S. 4ff, 83ff, 111ff

Die in diesem Buch enthaltenen Empfehlungen und Angaben sind von der Autorin mit größter Sorgfalt zusammengestellt und geprüft worden. Eine Garantie für die Richtigkeit der Angaben kann aber nicht gegeben werden. Autorin und Verlag übernehmen keine Haftung für Schäden und Unfälle. Bitte setzen Sie bei der Anwendung der in diesem Buch enthaltenen Empfehlungen Ihr persönliches Urteilsvermögen ein.
Der Verlag Eugen Ulmer ist nicht verantwortlich für die Inhalte der im Buch genannten Websites.

MIX
Papier aus verantwortungsvollen Quellen
FSC www.fsc.org
FSC® C014889

BIBLIOGRAFISCHE INFORMATION DER DEUTSCHEN NATIONALBIBLIOTHEK

Die Deutsche Nationalbibliothek verzeichnet diese Publikation in der Deutschen Nationalbibliografie; detaillierte bibliografische Daten sind im Internet über http://dnb.d-nb.de abrufbar.
Anmerkung zur Schreibweise (Gendering) der weiblichen, männlichen und unbestimmten Form: Ausschließlich aufgrund der deutlich besseren Lesbarkeit wird in diesem Werk auf die jeweilige Mehrfachnennung oder Anpassung der Schreibweise bestimmter Bezeichnungen verzichtet.

Wollgrasweg 41, 70599 Stuttgart (Hohenheim)
E-Mail: info@ulmer.de
Internet: www.ulmer.de
Projektleitung: Ina Vetter
Lektorat: Ulf Müller
Herstellung: Katharina Merz
Umschlaggestaltung: Anette Vogt, red.sign, Stuttgart
Satz: Susanne Junker, red.sign, Stuttgart
Reproduktion: timeRay Visualisierungen, Jettingen
Druck und Bindung: Pustet, Regensburg
Printed in Germany

ISBN 978-3-8186-1318-1